目 录

推荐序一　接受你的勇气，用好它　1
推荐序二　正视焦虑的积极意义，助你实现自我蜕变　7
译　者　序　适度焦虑，有益身心　13

引　言　001

第一部分　我们为何需要焦虑

焦虑是什么？它为何存在？它是如何依赖于我们人类强大的想象未来的能力的？

第1章　焦虑是什么（和不是什么）　007

焦虑是一种复杂的情绪，与恐惧有关，但又截然不同。焦虑的强度从日常担忧到严重恐慌不一而足，但无论我们处于焦虑尺度上的什么位置，焦虑在我们生活中的作用可能并非我们所以为的那样。

第 2 章　焦虑为何存在　028
　　　　焦虑这种情绪的演变是为了使我们在面对不确定性时更加机智。焦虑的生物学基础揭示了为什么我们需要这种难受的感觉，以及为什么它必须令人不愉快才能发挥作用。焦虑超越了我们基本的或战或逃反应，因为它植根于我们对社会联系和未来回报的原始渴求。

第 3 章　对未来的焦虑　053
　　　　焦虑之所以出现，是因为我们是思考未来并为未来做好准备的生物。但我们对焦虑的误解使我们无法看到这一点，所以我们只把它当作消极和有害的事情来体验。

第二部分　我们有关焦虑的看法是如何被误导的

我们对焦虑的理解是为何以及从何时开始出错的？科学和现代生活又如何加剧了这种误解？

第 4 章　焦虑为何成了一种病　079
　　　　心理学和医学视焦虑为一种疾病。但在那之前，中世纪对情感和精神生活的看法就已经将焦虑妖魔化了。我们学会了将其视为要避免和抑制的事情，结果只会导致它失控。

第 5 章　惬意的麻木　102

我们将焦虑视为一种我们并不需要的痛苦,因而尽一切努力去消除它们。过度服用抗焦虑药物和止痛药就是一个重要例证,尽管这些药物已经产生了破坏性甚至致命的后果。

第 6 章　归咎于机器吗　117

数字科技是不健康焦虑的驱动要素,因为它帮助人们逃避现实并破坏滋养身心的社会关系。但将所有不健康的焦虑都归咎于数字科技却是一个错误,这种观点忽略了问题的复杂性,同时也妨碍了我们看清楚该如何采用更好的方式去使用数字科技。

第三部分　如何拯救焦虑

将焦虑视为盟友将会改善我们生活的每一部分,并能促进非凡的机智、创造力和快乐。在拯救焦虑时,我们也在拯救自己。

第 7 章　不确定性　141

不确定性令人坐立不安。我们即使身处全球新冠肺炎疫情中,仍可利用这种不适感去找到应对不确定性的方法,为以前从未想象过的可能性敞开大门。当我们这样做时,焦虑就是秘诀。

第8章　创造力　158

我们如果接受焦虑带来的不适，并倾听它的指引，就会变得更有创造力，无论是创作艺术作品还是盘算着晚饭吃什么。

第9章　孩子不脆弱　175

太多时候，我们对孩子的焦虑做出的反应是迁就和过度保护。我们这么做，往往是出于好心，因为我们认为孩子们娇贵脆弱，但事实并非如此。要想让孩子成为坚韧而强壮的人，我们不能再畏惧孩子的焦虑，以及我们自己的焦虑。

第10章　正确地焦虑　207

读到这里的你，已经对焦虑有了不同见解。是时候行动起来了。

致　　谢　231

注　　释　241

附　　录　焦虑自评量表（SAS）　255

推荐序一

接受你的勇气,用好它

姜振宇

微反应科学研究院院长

会有人喜欢焦虑的感觉吗?

如果被问到这个问题,大部分人都会摇头。

一个人产生了焦虑的感受,一方面,一定是因为自己的情绪进入了某种不稳定的状态,没有人会喜欢起伏的情绪状态,因为那感觉很不舒服;另一方面,一定是因为遇到了困难,棘手的、可能会带来失败的困难。结果还在未来悬着,此刻没有十足把握。

这就是焦虑,应该没有人会喜欢焦虑。

特蕾西·丹尼斯-蒂瓦里博士的这本《焦虑的力量》颠覆了许多人的传统观点,其中也包括我。原来,焦虑的本质是对未来的期待。

蒂瓦里博士是纽约城市大学教授,专攻心理学和神经学专业。这本书的核心主题是:焦虑情绪被认为是一种不健康的状态，严重时更会成为一种疾病。然而，焦虑情绪也有好坏之分，这主要取决于你如何面对和利用它。

我研究人的情绪表现，所以蒂瓦里博士在书里的第一部分对焦虑本质的阐述，让我颇为受益。

从情绪的角度进行细细解读，我们可以发现焦虑是两种状态的频繁交替。人们最容易感受到的一种情绪是可怖的、卑微的恐惧，在这种情绪背后站着一个强大而危险的对手，扼住了人们的喉咙，使人们不能放松享受，不能自由呼吸，不敢懈怠。所以人们不喜欢焦虑，也不喜欢正在焦虑中的自己。另外一种不容易发现的情绪，则是坚韧的战斗欲望，以及闪烁不息的对未来的希望。这股力量貌似弱小，却是支撑我们前行的精神力量。

焦虑本身固然令人厌恶，但它的尽头却是成功在向你招手。只有绝望的尽头才是注定的失败。

这本书是专题研究焦虑的，内容既包括足够硬核的理论，又包括非常有趣的案例解读，阅读感非常棒。它从生理机制、历史渊源、心理现象等几个方面，让你学会冷静地、系统化地看待自己的焦虑。

大家不妨想象一下，如果此刻的你没有任何牵挂，全部身心都沉浸在满足的感觉中，时间稍微长一点儿会不会略觉无聊？对，因为全满足的状态代表停滞，而这本书会清楚地告诉你，人类的大脑是聪明的、期待不确定性的，大脑非常喜欢解决问题从而获得快乐。饱和式满足意味着神经元不再需要被激活新的通路，也就意味着存在的意义开始凋零。

当然，如果一个人全部身心都沦陷在沮丧的沼泽里，深陷无力反抗的绝望之中，此前的所有尝试都带来了失败的结果和挫败的体验，那么他的大脑也会开始枯寂，没有任何希望注入，会残忍地扼杀所有神经元建立连接的尝试。

正是因为困难的存在，才有了不确定性的存在。正是因为不确定性的存在，才会激活大脑里的每一个神经元，让它们充满活力。焦虑这种让人感到压抑的情绪，会激活你身体里的每一息战斗力，正是因为它的存在，才能带你触摸到原本无法企及的高度。

所以，焦虑本身虽然不爽，却并不可怕，关键是选择如何面对它。

大多数人会选择坚持战斗，也有一些人会跌倒在压力和恐惧面前，让自己陷入病态，这世界上，也应运而生了很多治疗焦虑症的方法，有些成了大生意。

在这本书的第二部分，作者就阐述了焦虑是如何成为一种"病"的，以及那些抗焦虑的化学药物是如何被滥用的。我的理解是，使用药物来对抗焦虑的本质是麻醉和放弃，短期感受上可能会舒适平和一些，但这让自己的身心进入了失控的状态。也就是说，你不再试图自己掌控自己，而是把命运的主控权交给了这些化学药品。

作者还在第二部分与时俱进地讨论了社交媒体（人们身边的各种屏幕）与焦虑情绪的关系。从中世纪教会到理性时代，再到医学殿堂，作者从医学、人文、历史等多个方面回顾焦虑研究的历史，帮你在过去、现在和未来的时间线上，给自己的焦虑定个位。

最为宝贵的是，这本书不仅仅是对焦虑心理的研究和分析，还包括精准有效的建议。

作者在第三部分阐述了焦虑与不确定性和创造力的关系。正如我前面所讲，人类的大脑如果缺少了不确定性，就等同于失去了快乐的来源和创造的激情。

焦虑是内心深处的希望在与恐惧缠斗，正是这种不放弃的勇敢，才能让我们面对原本不敢去面对的困境。尽管我们可能没有十足把握，但我们已经足够坚强。所以，对待焦虑，最好的办法是驾驭它、引导它，给它力量，陪它战斗。当焦虑来临的时候，其实是你内心的战斗之火被点燃，我们不要排斥它，更不要浇熄它。呵护你的战斗之火，只需要做到两件事：接受不完美，筑底反脆弱。

放下暂时没用的焦虑，利用眼前有用的焦虑，燃起你的战斗之火去逐步实现一些小目标，最终把曾经让你焦虑的障碍，一个一个踩在脚下，当作自己的垫脚石。

最后，作为一名读者，我要深深感谢这本书的作者特蕾西·丹尼斯-蒂瓦里博士，这本《焦虑的力量》刷新了我对焦虑的认知，让我的内心更有勇气面对自己的焦虑和客观世界的挑战。

看完这本书，你会试着爱上自己的焦虑，爱上自己内心深处燃起的那团战斗之火，携它一起面对未来。

推荐序二

正视焦虑的积极意义，助你实现自我蜕变

姜忆南

北京协和医院心理科副主任医师

在过去十年，作为一名几乎每天都与饱受焦虑困扰的人打交道的精神科医生，讨论焦虑相关的问题也许是我最熟悉且最有信心的工作。尽管如此，在读完《焦虑的力量》一书后，我仍难以克制自己内心的激动，迫不及待地想把特蕾西·丹尼斯-蒂瓦里博士这本著作推荐给大家。在我看来，这本书帮我们深刻理解了应对焦虑最重要的三个问题：无害性（焦虑的症状虽然痛苦，但本身并无伤害性）、可控性（无论是借助药物，还是非药物，我们完全有能力去应对它），以及意义性（焦虑就像一位不速之客，突然闯进我们的生活，但在其可怕的外表之下，或许有着更为重要的信息想要传达给我们）。

焦虑所带来的痛苦是强烈的，绝非无病呻吟。严重的焦虑会让当事人在心理、生理方面饱受折磨，甚至会动

摇一个人最基本的需求——安全需求，以至要在生活中不断寻求各种确定与保证，而这一点常会引发周围人的不解甚至嘲笑。但是，焦虑这些痛苦的体验，其实是人类长期进化所形成的神经生理反应，而对这些正常反应的扭曲认知和不当应对会加剧痛苦。

蒂瓦里博士在这本书的第1章中，就系统地阐述了这个部分。她把原本十分晦涩的神经解剖学理论，讲述得清晰、生动。更令人获益匪浅的是，她从宗教、哲学，以及日常生活、工作等不同角度，帮助我们理解了自己的信念如何使正常的焦虑被逐渐异化成病理性的问题。

其中，令我印象最深的一段，是她在尝试教自己儿子学习骑自行车的时候，无意间录下了自己与儿子的沟通过程。回顾这一过程时她发现，自己原本想要帮助孩子缓解焦虑的好意，其实是在否认一个常识，那就是学习过程中存在一定水平的焦虑非常正常。而面对焦虑最重要的，正是要接纳自己在生活中是存在焦虑的，认识到焦虑是不需要回避的。这一点激发了我的反思，即使身为一名处理焦虑问题的专业工作者，我也会在生活中不经意间向自己身边的人灌输应对焦虑的不当方法。作者能在书中坦诚地指出自己所犯的这一错误，并告诉广大读者，我由衷地尊重和敬佩。

在这本书中，作者讨论了如何面对焦虑，也强调了对药物的不当使用会导致问题变得更为复杂。作为一名精神科医生，我完全认同作者对药物风险的分析与担忧。在日常工作中，管理药物的不良反应是医生的重要工作。但重要的是，药物与非药物都是我们应对焦虑的重要武器。严重的焦虑体验，会导致患者的社会功能严重受损，在工作、家庭、人际交往中举步维艰。其对社会的损害，又会给患者带来更多的问题，导致患者更加焦虑。这种情况下，抗焦虑药物可发挥积极作用，帮助患者在短时间内恢复正常的心理和生理状态，尝试建立正常的工作、生活与人际交往。因此，在这个维度上，我们相比于100年前的人是幸运的，拥有更为先进的方法来管理我们的焦虑症状。

但必须指出的是，对药物的不当使用也会带来更多问题。作为临床医生，我的观点是，药物的不当使用和依赖成瘾背后有两个非常重要的因素。一是，药物本身的特点。有些药物确实有成瘾的风险，如安定、止痛片，但其风险是可以管理的。有些药物成瘾性非常高，除非万不得已，最好不要使用，比如吗啡，用于缓解癌症患者的疼痛是一个好的选择，但日常生活中，我们不会选择它作为止疼药。二是，对药物的错误使用。大多数药物在医生指导下正确使用，可以很好地达到治疗效果，规避治疗风险，而失去监管的不当使用则是大多数药物成瘾的主要因素。幸运的是，在管理焦虑的问题上，有效且副作用小的治疗药物始终不断发展，可为医生帮助焦虑患者提供安全可靠的治疗方案。

不断完善我们自身应对焦虑的能力，则是这本书的重点。其中最关键的在于理解焦虑的积极意义，而非尝试将焦虑彻底消灭。焦虑，对人类生存和发展有着重要意义，可以说，没有焦虑，就没有今天的人类。所谓心理健康的标准，绝不是根据是否存在焦虑感受来确定，而是在面对焦虑时所产生的防御机制和应对方式是否成熟和恰当。

正如存在主义哲学先驱克尔凯郭尔所说："谁学会了以正确的方式焦虑，谁就习得了生存之道。"克尔凯郭尔本人在这方面确实做到了知行合一。从严格意义上讲，克尔凯郭尔是一个焦虑易感人士，常常要面对自己的大脑所产生的忧虑与不安，但正是这种哲学家特有的忧虑，促进了他对很多重要哲学问题的思考，其中就包括他对自身焦虑的深思、他所得出的关于焦虑的重要见解，对后世有着深刻的指导意义，可以说，他升华了自己的焦虑体验。

在这本书中，作者用了大量篇幅和生动的实例，帮助读者理解焦虑体验对我们的重要意义。无论是孩子的成长，还是科技的进步，抑或是社会体系的不断完善，焦虑都是背后强大的推动力量。

这本书兼具科学性、专业性和可读性，我第一次翻阅书稿就被深深吸引，一扫工作一天后的疲惫。我愿意把它推荐给大家，相信这本书能帮每个人更好地理解和应对焦虑，实现自我蜕变。

2023年5月24日星期三
于北京协和医院

译者序

适度焦虑，有益身心

亲爱的读者，你在日常生活中经常感到焦虑吗？你对焦虑的了解究竟有多少呢？

我们可能一直都认为焦虑是不好的甚至是有害的，对待焦虑就得像对待疾病一样去消除它。然而，无论是教人自助调节的书籍，还是各种治疗焦虑的药物或尖端疗法，都未能消除人类的焦虑。《焦虑的力量》这本书告诉我们，焦虑其实是一位"忠言逆耳"的真朋友，虽令我们觉得不舒服，但非常有用。焦虑是进化的结果，人们只要正确看待焦虑，就会有更加光明的未来。

这本书的作者特蕾西·丹尼斯-蒂瓦里博士是纽约城市大学心理学和神经科学教授，担任情绪调节实验室主任、亨特学院健康技术中心联合执行主任。蒂瓦里博士在学术期刊发表论文100余篇，在学术会议上以及为企业客户做了300多次演讲，并经常接受《纽约时报》、美国广播公司、《华尔街日报》、哥伦比亚广播公司、美国有线电视新闻网、美国国家公共广播电台、《今日秀》、《每日邮报》、彭博电视台等媒体关于焦虑与青少年发展等话题的采访，也曾为《纽约时报》撰写过与青少年焦虑相关的专栏。

在这本书中，蒂瓦里博士并没有忽视焦虑症给人们带来的痛苦，而是直面人们对焦虑的普遍误解，清晰地阐释了焦虑和焦虑症二者之间的区别，说明它们是完全不同的两件事。她基于心理学和神经科学的最新研究成果，结合真实世界的故事和个人叙事，提出焦虑是一种工具，而非我们应该不惜一切代价去摆脱的东西。她详细描述了人们对焦虑的误解所带来的沉重代价，并充分展示了那些成功利用焦虑为自己增加优势的人的生活，进而让读者看清楚：焦虑的本质是什么，它存在的意义是什么，它为什么会在人类进化的过程中出现，人们应如何在生活中伴随着焦虑成长。读完这本书，相信你一定会对焦虑有全新的认识，以后感到焦虑时会采取不一样的应对方式。

适度的焦虑于身心不但无害，反而有益。焦虑体现了我们对未来的期盼、对美好生活的向往、对目标的不懈追求。它是我们生而为人的基本情绪之一，也是促使我们继续努力不停歇的力量。在这本书的第一部分，蒂瓦里博士讲述了焦虑情绪的生物学基础，并通过多个实际案例指出焦虑的作用。时至今日，依然有很多人认为，焦虑是一种负面情绪，甚至是一种疾病。焦虑症确实存在，但人类对焦虑的认识并非一成不变。起初，哲学家与科学家仅把焦虑当作一种现象，到了启蒙运动以后，随着现代医学的发展和普及，人们才逐渐把焦虑当作"病"来对待。如今，许多人想尽办法希望把这种情绪从自己或他人身上清除，或者把焦虑简单地归罪于现代人对数字科技的依赖。在这本书的第二部分，蒂瓦里博士剖析了"焦虑是病"这一观点，并指出了很多人对焦虑的理解误区。人们之所以焦虑，是因为人们在关注未来。未来有两个相辅相成的特点：不可预测，又充满机遇。正是由于尚不确定，未来才会充满机遇，而这两方面都是人们感到焦虑的原因。人们在对事物感到不可控时会感到焦虑，对未来有理想却尚未实现时也会产生焦虑。焦虑不代表懦弱，更不代表无能。在这本书的第三部分，蒂瓦里博士教会我们看到焦虑积极的一面，并在最后一章里提出三条原则，帮助我们从焦虑中汲取力量。我们不要对焦虑过度思考，也不要将其消灭，而是要把它收回来，无论它是轻是重，都可以学会倾听它，选择相信它其实是我们的盟友。焦虑可以转化为力量，而凡是真正的力量，其中必然蕴含着弱点。找到这些弱点，我们就能找到更好、更真实的自己。处理好了焦虑，我们也就得到了救赎。

《焦虑的力量》一书行文风趣幽默，故事生动形象，道理深入浅出，我们翻译这本书也乐在其中。2022年10月下旬，中信出版社的编辑联系中国科学院心理研究所研究员、中国科学院大学心理学系教授傅小兰博士，询问是否有意愿翻译这本书。傅小兰阅览此书后欣然同意，并邀请中国科学院心理研究所助理研究员胡颖博士、济南大学教授陈功香博士、中国科学院心理研究所副研究员赵科博士、济南大学副教授李开云博士以及在美国谷歌公司工作且颇有语言天赋的康政先生加盟。数日后我们就与中信出版社签署了这本书的图书委托翻译合同，并明确了分工。具体分工如下：第1章，傅小兰；第2章和引言，胡颖；第3—4章，陈功香；第5—6章，赵科；第7章，李开云；第8—10章和致谢，康政。

蒂瓦里博士在书中明确指出，一个人想对思维模式进行根本转变，并非易事。但我们认为，有一本好书做指引，难度会降低很多。相信各位读者在读完全书时会和我们一样，有一种豁然开朗的感觉。我们在翻译过程中深化了对焦虑的认识，重新思考了自己生活中的焦虑情绪，结合蒂瓦里博士的指引，感受到了焦虑的力量。也正是在翻译和学习这本书的过程中，我们的翻译团队活学活用，汲取了焦虑的力量，在翻译时间紧和质量要求高的双重压力下，齐心协力，反复审阅，字斟句酌，精益求精，最终将这本佳作呈现给读者。

最后，感谢中信出版社的邀请以及对译稿提出的意见和建议，感谢所有参与成书的工作人员。感谢康政对全书译文进行审校。让我们一起正视焦虑，发挥其力量，皆得所愿！

傅小兰、胡颖、陈功香、赵科、李开云、康政
2023年除夕

引 言

一位著名的哲学家曾写道:"谁学会了以正确的方式焦虑,谁就习得了生存之道。"¹

且慢,焦虑的方式难道还有对错之分吗?这听起来像是又多了一件让人焦虑的事情。

然而,我愿视索伦·克尔凯郭尔①为焦虑的守护圣人②,他的话一语中的。

正如你讨厌焦虑的感觉,我也一样。或者说,人人如是。焦虑是一种令人痛苦不已、不堪重负、心力交瘁的情绪。也正因如此,我们都未能领会到克尔凯郭尔在这里

---

① 索伦·克尔凯郭尔(Søren Kierkegaard,1813—1855):丹麦神学家、哲学家及作家。——译者注(本书中的脚注若非特别说明,均为译者注。)

② 天主教、东正教等宗教中保护某人、某地、某物的圣人。克尔凯郭尔在焦虑方面著有开创性著作,作者这里开玩笑说他是保护焦虑的圣人。

所表达的观点：焦虑想要成为我们的朋友。它希望得到认可、承认、倾听、珍惜和关注。焦虑让我们感到痛苦，因为它就像一个喜欢讲道理的朋友，说出忠言却总是逆耳。当焦虑来了，如果你不是顺从内心去逃避或躲藏，而是选择认真去倾听它想传递的信息，那么你的生活将变得更美好。

讨厌焦虑有什么不对吗？难道焦虑不代表一种个人的失败吗？它难道不代表着我们自身或生活出了问题，这些问题是需要解决和根除的吗？然而，历史上从来没有人能够根除焦虑——谢天谢地，因为如果焦虑被根除了，将会是一场灾难。

本书的主角是一种情绪，它既痛苦又有力、既可怕又有趣、既令人疲惫又充满活力，而且它并不完美。如生活，亦如做人。这就是生而为人的感觉。如果你读完这本书，我相信你会改变对焦虑的看法。这就像是著名的视错觉图形"鲁宾的花瓶"：用一种方式看，你看到的是一个花瓶，但换种方式看，就会看出两个人的侧脸，他们隔着花瓶形状的空间，彼此对视。

彻底改变思维模式，把焦虑视为我们的朋友和盟友，不仅仅是做一系列练习或干预那么简单，也不仅仅是我告诉你焦虑令人很难受（尽管它有时确实令人非常非常难受），然后告诉你做20件事情就可以让心情变好。我也不是在告诉你要美化焦虑，或者说服你只有焦虑才能让你提高生产力和创造力，达到最佳状态。其实不是这样的，而是要创建一种有关焦虑的新思路——一套全新的信念、见解和期望，让你能够去探索焦虑，从中学习，并利用它来发挥你的优势。形成新的思维模式并不会治疗焦虑情绪本身，因为出错的不是焦虑这种情绪，而是人们通常应对焦虑的方式。建立新的思维模式是我们纠正这个错误的最好且唯一的办法。这就是本书唯一的目的。

我希望圣人索伦会赞同我的观点。

第一部分
我们为何需要焦虑

第1章
焦虑是什么（和不是什么）

斯科特·帕拉津斯基博士和他的航天飞机机组成员在离开地球大气层的途中以每小时1.75万英里①的速度飞驰。他们的目的地是国际空间站，一个科学中心，一块探索太阳系的垫脚石，以及人类有史以来送入太空的最大建筑物。对许多人来说，国际空间站代表人类成就的巅峰。

2007年执行这项任务时，斯科特已经是有过4次航天飞机飞行和数次舱外活动（即太空漫步）的老手了。从美国国家航空航天局退休后，他成了第一位既在太空飞行过又登上过珠穆朗玛峰的人。他是一个敢于冒险的

---
① 1英里≈1.6千米。——编者注

人，但在这次任务中却承受了额外的巨大压力。因"哥伦比亚"号航天飞机失事（航天器在重新进入大气层时解体并导致7名机组人员全部罹难），此任务已被推迟了3年。

然而，对斯科特和他的团队来说，这项任务值得去冒潜在的危险。他们要交付和安装国际空间站的一个关键部件，该部件将连接及统合在国际空间站内的美国、欧洲和日本的空间实验室，为其提供额外的动力和生命支持，并显著地扩大其规模和性能。

新部件的安装与原有设备的常规维修进行了一个星期后，事情发生了意想不到的变化。斯科特和一位同组成员刚刚安装了两个巨大的太阳能电池板，电池板首次被打开和伸展时，一根导线被卡住了，导致电池板上出现了两条大裂缝。这个问题很严重，因为这种损坏使电池板无法完全展开，从而无法产生足够的能量来发挥功效。

为了让斯科特修复被撕裂的太阳能电池板，该团队不得不临时装配一条特别长的系绳，将斯科特悬吊在吊杆的末端，然后将他的脚固定在国际空间站的机械臂末端。他被吊在吊杆上，花了45分钟才沿着机翼移动了90

英尺①,到达受损的面板。他竭尽所能切断了被卡住的电线,并安装了稳定器来加固结构,他以前做外科医生时掌握的技能起了大作用。

经过令人紧张的7个小时的修复,任务圆满完成。当修复后的电池板成功地全部展开时,国际空间站上的机组人员和地球上的团队爆发出欢呼声。一张斯科特像是飘在发光的橙色太阳翼上的照片,成为无所畏惧的太空探索的标志性形象。据说,他的这一成就,正是电影《地心引力》中主角不畏死亡修复航天器这一场景的灵感来源。

在他的这番著名壮举发生近8年后,我非常荣幸地与斯科特在纽约市鲁宾艺术博物馆《脑波》(*brainwave*)节目的舞台上进行了交谈。他身材高大、发色金灿、身强体健,看起来像一位典型的20世纪50年代左右的美国英雄。他也很有风度,面带轻松的微笑和真诚的谦逊。

我问斯科特,那天他是如何保持冷静的,在他与浩渺太空之间只有一件太空服。肩负着完成任务的使命,他成功的秘诀是什么?

他的答案是焦虑。

---

① 1英尺≈0.3米。——编者注

焦虑和恐惧

想必我不需要告诉你什么是焦虑。

焦虑是人类的一种基本情绪,自智人直立行走以来,它就一直伴随着我们。焦虑会激活我们的神经系统,使我们忐忑不安,感到紧张,胃里翻腾,心跳加速,思绪如潮。这个词(指anxiety)来自拉丁语和古希腊语,意思是"窒息"、"痛苦地紧缩"和"不安",这表明它不仅令人不快,而且伴有强烈的生理和情绪反应——我们如鲠在喉,身体僵硬,头脑迟钝,无法决断。直到17世纪,这个词才在英语中被普遍用来描述我们今天理解为焦虑的一系列想法和感觉:对结果不确定的情况的担忧、畏惧、忧虑和紧张。

通常情况下,你知道自己为什么焦虑:你的家庭医生打电话来,说要为你安排一次活检;你即将上台,在500个陌生人面前发表事关职业前途命运的一次演讲;你打开国税局的一封信,信中通知你他们正在审查你的纳税申报表。[①] 其他时候,我们的焦虑更加难以捉摸,没有任

[①] 美国国税局一般只有在两种情况下会审查税表:随机选中,或者相关文件被发现有问题。大多数情况下税表是不会被审核的。因此,虽然可能只是被例行抽中而已,但也不排除是税表出了问题,可能会被罚款,所以会导致焦虑。

何明确的原因或焦点。如同一个持续报警的警报器般令人抓狂，这种自由漂浮的焦虑感告诉我们有地方出问题了，但我们却找不到蜂鸣声的来源。

无论是一般的还是具体的，焦虑都是我们在坏事可能发生但尚未发生时的感觉。它有两个关键成分：身体感觉（不安、紧张、躁动）和想法（忧虑、畏惧、担心危险即将来临）。把这两者结合起来，我们就明白了为什么焦虑一词的词源是"窒息"。我该去哪里，我应做什么？如果我左转或右转，情况会更糟吗？如果我闭门不出或彻底消失，也许是最好的办法。

我们体验到焦虑时，不仅身体上有感觉，而且认知也发生了变化。我们焦虑时，注意力会集中，变得更加专注并注重细节，往往一叶障目不见泰山。积极的情绪则恰恰相反：它们会扩大我们的关注点，使我们了解大致情况而非细节。焦虑也常会让我们的思维发生变化，担心出现不好的方面并准备应对。

虽然畏惧通常主导着我们的焦虑体验，但当我们有欲望的时候，我们也会感到焦虑。我急切地想登上飞机，去享受久违的海滩假期，最好没有航班延误或下雨阻挡我！这种焦虑是对渴望的未来的兴奋战栗。然而，我并不急于去参加一年一度的节日派对,因为那里肯定有一帮常客在豪饮,我知道自己在那里不会玩得开心。但是,无论我们的焦虑是出于畏惧还是兴奋,我们只有当期待并关心未来的情况时,才会变得焦虑。

那么,为什么焦虑与恐惧不一样呢?我们经常交替着使用这两个词,因为二者都会引起不安,并引发或战或逃反应——肾上腺素飙升、心跳加速和呼吸急促。焦虑和恐惧都会使我们的思维进入类似的状态:注意力格外集中、细节导向以及随时准备做出反应。我们的大脑已做好准备,我们的身体也已经准备好迅速采取行动。但二者还是有所不同。

有一天,我正在阁楼的一个旧箱子里匆忙翻找。我的手突然碰到一个毛茸茸的东西,有温度,还在动。我以超乎自己想象的速度把箱子推开并向后跳了一步。对人类惊吓反应的研究表明,我只用了几百毫秒的时间就做出了反应。我的心在狂跳,出了一身冷汗,而且绝对比前一刻更清醒和警觉。结果发现,箱子里的生物是一只小鼠。

我对那只小鼠的反应是恐惧。

其实,我不害怕小鼠。我认为它很可爱,而且是生态系统的重要组成部分。我不认为小鼠会咬我，然而，我的恐惧反应并不在意这一点。恐惧反应并没有兴趣讨论小鼠的优点或可爱之处，以及我是否真的需要这么快往后跳。但这是一件好事，如果箱子里的生物是一只蝎子，我的本能反应就会派上用场——就像我的手在触碰到一壶沸水后会本能地抽走，保护我不被进一步烫伤一样。

我的恐惧是本能的，就像那只小鼠一样，它也本能地在箱子里飞快地转圈，然后僵在角落里以免被发现。我和小鼠都绝没有对不确定的未来感到焦虑。危险就在眼前，所以我们都自动且迅速地采取了行动来应对它（尽管后来我承认了让一只啮齿动物在我的房子里乱窜给我带来的焦虑，并把它迁到了附近的田地里）。

当然，人类的情感生活远比本能的恐惧、愤怒、悲伤、高兴和厌恶复杂得多。情感科学将这些本能情感视为基本情绪。一般认为，这些情感源于生物性，其表达具有普遍性。动物像我们一样具有这些情绪，表明这些感受非常基础。

此外，还有复杂的情绪，包括悲伤、遗憾、羞愧、仇恨，当然还有焦虑。基本情绪是复杂情绪的组成部分，复杂情绪超越了本能；它们不那么自动，且我们更有望通过思考来战胜这些情绪。当我下次把手伸进阁楼的箱子里时，我可能会感到焦虑，会想我是否会碰到另一个毛茸茸的朋友，但我可以安慰自己这不太可能。动物可能不会像人类那样经历复杂的情绪，比如焦虑；小鼠没有能力去生动地想象，未来可能会有一只巨手毫无征兆地出现，把它从安全的巢穴中揪出来。假如它这样想了，那它简直是鼠中的让－保罗·萨特①，一边退回到它的独居箱中一边抱怨"他鼠即地狱"②，一边等待下一只手降临，一边与生存焦虑做斗争。不管是什么情况，我们可以肯定的是，如果它再见到手，它会想起与我相遇时的恐惧，而一旦它逃到一个温暖、安全的角落，它将不再害怕。

恐惧是对当下真实危险迫切、确切的反应，威胁一旦过去，恐惧也就结束了。焦虑是对不确定的、想象中的未来的担忧，以及使我们保持高度戒备的警觉。焦虑发生在各种中间地带：在得知坏事可能会来之后、实际到来之

---

① 让－保罗·萨特（Jean-Paul Sartre，1905—1980），法国 20 世纪最重要的哲学家之一，法国无神论存在主义的主要代表人物，西方社会主义最积极的倡导者之一，一生中拒绝接受任何奖项，包括 1964 年的诺贝尔文学奖。

② 萨特的一句名言"Hell is other people"，大意是说他人的存在是自己存在的参照，正是因为有他人的存在，人才会不断地拷问自己，所以说"他人即地狱"。

前；在为了逃避危险而制订计划和无法采取任何实际行动之间（至少动物还能做出或战或逃的行动）。我们只能等着收到自己的活检结果，看看国税局的审查人员是否发现了任何违规行为，或者听到自己的演讲后响起的是热烈的掌声还是漫不经心的掌声。焦虑之所以存在，是因为我们知道自己正被缓慢而无法阻挡地拉向一个可能快乐也可能不快乐的未来。正是这种不确定性使焦虑令人难以忍受。

不同程度的焦虑

日常的焦虑不足为奇，我们都经历过忧虑、担心，甚至有时会瞬间觉得惶恐不安。但焦虑不是一个二元命题，并非像一个或开或关的电灯开关。相反，你可以想象一个调光器在上下滑动，有时很快就亮了，其他时候几乎完全没有光。低水平的焦虑经常出现在我们的生活中，就像我们呼吸的空气一样，我们甚至可能没有注意到它。当我们开门迎接新老板时，或者当我们收拾东西准备回家却看到外面下起了雪时，这种情况就会发生；突然间，我们密切关注着一些自己很不愿去想的事情，但这种感觉一般也就持续一两分钟。一旦我见到新老板，我很快就能感觉到她是什么样的人，我的焦虑就消退了。当我开车回家时，看到道路仍然畅通无阻时，我的忧虑就减轻了。一旦我们感觉到事情将如何发展，我们的轻微焦虑就会消失，如同晨雾被太阳的温暖一扫而光。

当我们沿着焦虑的标尺从左向右移动时，焦虑感变得更加强烈，我们的注意力变成了隧道视觉，担忧真正开始了。让我们来看看那个"远古的恶魔"，即对黑暗的恐惧。这并非恐惧，而是焦虑。与夜行动物不同，人类对黑暗的反应是对可能埋伏的看不见的危险感到担忧。在黑暗中寻找光明是贯穿人类历史的最基本隐喻之一。我们可以想象，在史前时代，夜灯——比如小火苗——就可能是一种热门商品，因为我们对隐藏在黑暗中的危险非常焦虑。

当我们沿着标尺继续移动时，最常见的中度焦虑形式之一是社会性的，即害怕别人的评判和负面评价。听众会怎样看待我的演讲？我的员工绩效评价会顺利吗？人们会嘲笑我笨拙的舞姿吗？即使我们对自己的能力有信心，我们中的许多人在上台前也会感到紧张。有时，当我们看向观众时，只会看到一个家伙在后面睡着了，却完全没有注意到其他人都在微笑和点头表示赞赏。

在几个小时甚至几分钟内，我们可能会从轻微的担忧转为高强度的恐惧，然后再降至放松，甚至达到禅修般的平静。尽管高度焦虑会让我们感到无法控制，但它仍然只不过是标尺上的一个点，所以我们通常可以把它调回来，回到自己的舒适区。

这是因为焦虑本身（担心、恐惧和紧张，对不确定性的苦恼，甚至是过度的恐慌）并非问题所在。问题是，我们用来应对焦虑的想法和行为如果不当，会使它变得更糟。当这种情况经常发生时，焦虑就会开始带我们走向焦虑症。但焦虑和焦虑症这两者是不一样的。

焦虑和焦虑症之间最关键的区别被称为功能障碍，简而言之，即焦虑妨碍了生活。焦虑情绪起伏不定，有时难以察觉，有时令人痛苦。但是根据定义，焦虑症涉及的问题远非暂时的痛苦。对焦虑症患者来说，这些感觉会持续数周、数月甚至数年，而且随着时间的推移，这些感觉往往会越来越严重。最重要的是，这样的感觉常常干扰我们追求自己最珍视的东西，如家庭生活、工作和与朋友相处的时间。这种对我们日常活动和幸福感的长期损害是焦虑症的必要条件。

以尼娜为例。30岁时，她已成为一名职业摄影师，从事婚礼和肖像摄影。她早就知道，在镜头后而不是镜头前，看别人而不是被人看，她会觉得更舒服。然而最近，她天生的羞涩已经变得难以控制，使她无法接待新客户。她开始相信自己在人们面前笨手笨脚、浑身发抖、汗流浃背和反应迟钝，而她想知道自己是否真的是这样的人。当她开始无法正常工作并因此陷入经济困境时，她决定尝试治疗。作为治疗的一部分，治疗师让她参加一个实验，并用摄像机录制实验过程。

首先，尼娜要把治疗师看作一个正在寻找婚礼摄影师的潜在客户。治疗师要求她像对待一般新客户那样与自己交谈。在谈话过程中，她也要有意识地做一些她在面谈时通常会做的减缓自己焦虑的动作：低头并避免目光接触，同时紧紧握住她的相机或其他物品，以防自己发抖。

之后，尼娜和她的治疗师将重新开始面谈，但尼娜要做出一个关键的变化：这次不再低头，而是始终保持与对方的目光接触，并将双手放在膝盖上，而不是紧握着什么东西。

在开始实验之前，尼娜的治疗师问她，在0—100分的范围内，她认为她的发抖程度会是多少。尼娜认为是90。治疗师又问她觉得自己看上去会出多少汗，她听起来会有多蠢，尼娜再次肯定地认为两者都是90。她预料自己会精神崩溃,根本不会有人愿意雇用她来记录一个特殊的日子。

在表演了两个版本的对话并观看了录像后,治疗师问尼娜:在0—100分的范围内,她在镜头前的实际表现如何——她是否像她预想的那样发抖、出汗和愚蠢?尼娜惊讶地发现,虽然在实验的第一部分她看起来确实很紧张,但她完全没有发抖,也没有出汗,而且声音听上去很正常——也许并不完美,但绝对不愚蠢。当尼娜观看实验的后半部分时,也就是她与人对视并且没有紧握相机的部分,她不禁注意到自己突然显得十分专业与自信:她面带微笑,谈吐得体,并提出了很好的意见和建议。

这并不是说尼娜不紧张。她的确紧张。但是,一旦她不再表现得像个废物,不再移开视线,也不再死死紧握住相机不放,她也就不觉得自己很没用了。这是因为她不再依赖那些无意中使她的焦虑加剧的应对方式。

如果改变几个关键的行为和观念确实有助于减轻焦虑的痛苦,甚至缓解阻碍型焦虑[①],那么为什么焦虑症会

---

① 焦虑可分为促进型焦虑和阻碍型焦虑,前者使学习者产生动力,促进他们向新的学习任务挑战,并努力克服自己的焦虑情绪,而后者会使学习者逃避学习任务以切断焦虑的源泉[Alpert, R., & Haber, R. N. (1960). Anxiety in academic achievement situations. *Journal of Abnormal and Social Psychology,* 61, 207–215.]。

是当今最常见的心理健康问题？为什么焦虑症明显地不断增多，迅速成为我们这个时代的公共卫生危机？

如果这听起来像是夸大其词，那就看看统计数字吧。在哈佛大学进行的一项大型流行病学研究[1]，采用诊断性访谈和生活障碍评估相结合的方法，显示美国每年近20%的成年人——逾6 000万人——罹患焦虑症。每年约有1 700万人患有抑郁症（第二位最常见的心理健康问题），其中近一半的人也被诊断患有焦虑症。在一生中会患有一种或多种焦虑症的美国人的数量[2]跃升至令人震惊的31%——超过1亿人，其中包括青少年和儿童。许多人寻求治疗，但只有不到一半的人显示出持久的变化，即使在接受黄金标准治疗（如认知行为疗法）时也是如此。女性受到的影响尤为严重，一生中被诊断患有焦虑症的女性几乎是男性的两倍。

美国界定了9种不同的焦虑症[3]，这还不包括与创伤有关的疾病，如创伤后应激障碍，也不包括强迫性障碍，如强迫症。一些焦虑症，如恐惧症，主要涉及躲避害怕的对象和情况，如恐血症（害怕血液）和幽闭恐惧症（害怕在封闭的空间里）。其他类型的焦虑症涉及强烈的身体恐惧症状，如惊恐发作——一种突然发作的颤抖、出汗、呼吸急促、胸痛以及末日即将来临的感觉，即我们很多人认为心脏病发作的那种感觉。其他类型的焦虑症患者，如广泛性焦虑症患者，常常忧心忡忡，耗费了大量的时间和注意力，也会回避过去喜欢的场合，并难以在工作中集中精力和好好表现。

卡比尔在15岁时第一次出现了强烈的焦虑迹象。起初，他只是害怕在课堂上发言。在一次演讲前的几天里，他一直担心，睡不着觉，也不好好吃饭。他担心得要命。结果，随着时间的推移，他旷课的天数越来越多，成绩也越来越差。不久，这种极端和持续的担心甚至出现在校园以外的情况中，例如当他被邀请参加聚会或参加游泳比赛时。只过了几个月，他便不再做这两件事，并与他为数不多的朋友绝交。到了年底，他出现了全面的惊恐发作，心悸和窒息感非常强烈，以致他确信自己心脏病发作了。

根据诊断标准，卡比尔从高度焦虑情绪发展为同时具有社交焦虑、广泛性焦虑症和恐慌障碍。不管是什么标签，他被确诊不是因为他感到强烈的焦虑和担心，而是因为他不能再去上学、参加活动或结交朋友。他应对担心和焦虑的方式已经妨碍了他生活的能力。

对被诊断为焦虑症的人来说，关键问题不仅仅是他们体验到强烈的焦虑，而是他们所掌握的用来降低这些感觉的工具是无效的——卡比尔的情况就是如此，他通过吃不好、睡不好、待在家里不上学、放弃运动以及与朋友断绝来往这些行为来应对焦虑。他采取的这些解决问题的方法只是为了避免或抑制焦虑，最终只会使焦虑变得更严重。换句话说，尽管焦虑从根本上来说是一种有用的情绪，但焦虑症的症状比无用更糟糕，它们会严重妨碍你。

因此，我们今天的公共卫生危机主题并不是焦虑，而是应对焦虑的方式。

可以把焦虑想象成一个烟雾报警器，警告我们的房子着火了。如果我们不跑出房子并给火警打电话，而只是无视警报，拆下电池，或者避开屋里警报最响的地方，那会怎样？我们不去理会警报器提供的关键信息——哪里有烟，哪里就可能有火，而是想象警报没有发生。换句话说，我们没有从警报中受益并将火扑灭，而只是在希望和祈祷房子不会被烧毁。这并不是说倾听焦虑总是很容易。强烈而持久的焦虑会压制我们的能力，使我们无法感知它可能为我们带来的有用信息。或者，反之，我们不去倾听它，因为我们已经断定，在生活中完成事情的唯一方法就是经常经历焦虑引发的肾上腺素飙升。然而，当我们相信焦虑是值得倾听的，当我们审视它而非排斥它时，我们就可以打破这种不健康的循环，并认识到某些应对焦虑的方式会把焦虑感降低，而其他方式——尤其是忽视它——则会把我们的焦虑情绪激发到应付不来的高度。我们还没反应过来时，房子已经着火了。

当然，并不仅仅是应对焦虑的困难导致了阻碍型焦虑。在许多情况下，长期持续的压力和逆境的经历起着巨大的作用。生活有时并不轻松，在这种情况下任何人都会感到强烈的、无法遏制的焦虑。然而，说我们正处于如何应对焦虑的危机之中，并没有否定这一事实，因为不管是什么原因造成的焦虑，能够换一种方式应对都是解决方案的一部分。而倾听我们的焦虑——相信它告诉我们的东西可能有智慧——是找到解决方案的第一步。

相信我们的焦虑是值得倾听的，这可能比我们想象中的更容易。想象一下，你正在竞选一个政治组织的主席。你的任务是发表竞选演讲。你有3分钟的时间准备你的发言，之后你将发表3分钟的演讲。你将在一组评委面前演讲，你的表现将被录像，并与其他候选人的演讲视频进行比较。

如果你被诊断出患有社交焦虑症，说明你生活在恐惧中，担心别人会如何评价你。你对自己已经很苛刻了，甚至试图想一想自己的优秀品质都会让你感到不舒服。所以，这整个经历听起来就像一种折磨。

当评委们注视着你时，他们什么都不做，只会皱眉，双手抱臂，摇头，并表现出其他令人沮丧的非语言反馈。在感觉像是永无止境的情况下，你的演讲终于结束了。当然，你现在可以休息一下，但你的考验还没有结束。

接下来，你被告知要在同一组评委面前做一道棘手的数学题：你必须从1 999开始，说出每次减去13的差值，要大声数，越快越好。每当你停顿时，评委都会大声指出："你数得太慢了。请加快速度。你还有一些时间。请继续。"每当你失败时，就有人说："数错了。请从1 999重新开始。"即使是对自己的数学能力有信心的人也会感到紧张。

这场"小型酷刑"实际上是一项著名的研究任务，被称为特里尔社会压力测试[4]。这项实验是在40多年前开发的，它几乎在每个人身上都会产生压力和焦虑，但如果你正经历社交焦虑，这项任务则是一种尤其痛苦的经历——你的心脏会怦怦跳，呼吸会变快，胃里翻腾，语无伦次。有理由认为，这些迹象表明你没有很好地应对这一挑战。

但是，如果在做特里尔社会压力测试之前，有人教你预测自己的焦虑反应，并告诉你，这些反应实际上是你精力充沛并准备面对未来挑战的迹象，那会怎样呢？你会被告知，焦虑是为了帮助我们的祖先生存而进化来的，将血液和氧气输送到我们的肌肉、器官和大脑，使它们以最佳状态工作。你如果还不相信的话，可以阅读一些相关的科学研究报告，其中记录了焦虑的众多积极方面的证据。

如果你在经历可怕的特里尔社会压力测试之前就先了解到了这一切，你的处理方式是否会有所不同？

2013年，哈佛大学的研究人员回答了这个问题[5]。他们的研究表明，如果社交焦虑的参与者了解到焦虑的好处，那么他们感觉到的焦虑程度更低，自信程度更高。他们对焦虑的生理反应的差异更是引人注目。通常情况下，当我们经历高度的焦虑和压力时，我们的心率加快，血管收缩。然而，一旦研究参与者认为焦虑给他们带来的生理反应是有益的，他们的血管就会更放松，心率也会更稳定。他们的心脏仍在怦怦地跳，因为无论你事先做了什么，特里尔社会压力测试都是一种压力，但他们的心跳更类似于我们勇敢地迎接挑战、在任务上专注且投入时的健康模式。

这项研究表明，只要改变我们对焦虑的看法，认为它是有益的而非一种负担，我们的身体也会随之顺应并相信它。

问题和解决方案

在这个出现疫情、政治极化和灾难性气候变化的时代，我们许多人对未来感到焦虑不安。为了应对，我们已学会了像对待任何其他疾病一样看待焦虑：我们想要预防它，避免它，并不惜一切代价消灭它。

科学家们对焦虑的认识越来越深刻，为什么对阻碍型焦虑——焦虑症——的预防和治疗没有跟上身体疾病预防和治疗的步伐？显然，数百本书、数千项严格的科学研究和30种不同的抗焦虑药物都没有起到足够的作用。为什么我们的心理健康专家会如此失败？

事实是，我们的思路反了。问题不在于焦虑，而在于我们对焦虑的信念阻止了我们相信自己可以处理好它，甚至利用它来为我们服务——正如特里尔社会压力测试实验中的参与者所了解到的那样。而当我们的信念使自己的焦虑更严重时，我们有更大的风险步入通往阻碍型焦虑甚至焦虑症的道路。

当斯科特·帕拉津斯基进入太空时，他全神贯注，意志坚定，正是焦虑让他为最坏的情况做好了准备。航天任务中是否真的会遇到危险时刻，他自己也不清楚，但焦虑使他在任务还没开始之前就做好了准备。他知道，失败的结果是可能的，胜利的结果也是可能的，因此他训练了几个月，提升了自己的技能，并加强了与他的团队间的信任。

焦虑可能是有害的、破坏性的，有时是可怕的。同时，它也可以是我们的盟友、有益的情绪和灵感的来源。但是，为了改变自身的想法，我们必须打破并重建自己对这种情绪的认识。这将需要一段旅程，从学术殿堂到世界剧院，从中世纪炼狱之苦的布道到疫情封控期间的生活，从我们对手机的不停滑动到我们的餐桌。

如果焦虑如此有益，为什么人在焦虑时会那么不舒服呢？

第 2 章
焦虑为何存在

我开车,停在信号灯前。绿灯亮了,我开始往前走,突然,停在我左边的司机开始强行向右并线,虽然车头只露出了几英寸①,但足以挡住我的路。我长按喇叭,但他毫不理会继续往前挤,我也继续往前开,当两车马上要发生剐蹭时,我认输了,因为比起那个人是否插我的队,我更在乎自己的车漆。当他开车超过我时,我吼了几句脏话,并向他投去有杀伤力的眼神。

我并非只是有些恼火,而是非常愤怒,甚至是基于道德规范上的愤怒。我的心怦怦直跳,感觉到血液在我的血管里奔流,我满面怒容,蓄势待发,即使所谓的行动只

---

① 1 英寸 = 2.54 厘米。——编者注

不过是愤怒地吼叫。

我不喜欢感受到这些变化。它们让我感到有压力，而我为自己不能控制情绪而感到羞愧。然而我的愤怒代替了理智的思考，它做了进化为它设定好的事情：让我变得暴躁。

值得注意的是，那位插队的司机并没有对我的生活造成太大的影响，这只不过是领先或落后一辆车的问题。然而，这却对我的本能情绪影响很大。愤怒使我蓄势待发、严阵以待。幸运的是，我们人类具备一种能力，通常可以缓和本能反应以适应环境，这种能力可成就或破坏文明社会。

顾名思义，焦虑和其他负面感受（例如愤怒）就是让人不舒服的情绪。这种不舒服其实是一件好事。

150多年前，查尔斯·达尔文得出了相同的结论。

情绪的逻辑

纵观人类历史，负面情绪一直备受诟病，往好了说是非理性的，往坏了说是破坏性的。古罗马诗人贺拉斯（Horace）曾写道："愤怒是一种短暂的疯狂。"但在过去的150年里，我们逐渐认识到，诸如恐惧、愤怒以及焦虑等情绪并非只是危险的，它们也具有正面价值。情绪是生存的工具，在数十万年的进化过程中得以锤炼和完善，以保护人类和其他动物，确保其能繁衍生息。事实上，从进化论的角度来看，情绪体现了生存的逻辑。

达尔文最早的研究是地质学和巨型哺乳动物的灭绝，作为一个爱冒险的年轻人，他乘坐皇家海军"小猎犬"号对南美洲的沿海地区进行了考察。这项考察工作跨越未知的南半球地区，使他成为科学界的明星，并催生了他关于进化的早期想法。但到了40年后，在他的进化论三部曲的终章《人类和动物的表情》[1]中，他才把自己的见解应用到了人类思想的伟大未知领域：情绪。

他已经在《物种起源》[2]中阐释了进化的基本原理，并在《人类的由来及性选择》[3]中论证了人类和灵长类动物源于共同的祖先。之后，在《人类和动物的表情》中，他把情绪看作动物身上的其他普遍特征（有蹼的脚、尾巴的形状、毛皮或羽毛的颜色）。在长期的环境压力下，情绪已经进化为对人类有利的适应特征。它们如果对物种有益，就会被保留下来继而传给后代。换句话说，适者生存正是得益于这些特征。

情绪符合有利适应的标准。举个例子,有两只动物为争夺食物而对峙。当它们准备好锁住彼此头上的角时(无论是字面的还是隐喻的①),其强烈的感受会引发一系列身体反应。当一只动物的后背拱起,毛发竖立时,它看起来会更大、更强壮。当它龇牙咧嘴,眉头紧皱,发出凶猛的声音,或摆动着它的角时,它是在向另一只动物发出信号,表明与自己这样强大的对手战斗可能不值得。这些信号是攻击性的表现,直接提高了另一只动物撤退的可能性,从而防止了暴力产生,并避免了潜在的伤害或死亡。发送这些典型的信号对物种有益,解读这些信息的能力也同样有益。这是一个双赢的结果。

达尔文认为,如果与情绪相关的行为是有用的,它们就会反复出现,并最终成为可以遗传给后代的习惯。他将此称为"有用的联合性习惯原理",并指出,"众所周知,习惯的力量何其强大。它们使人轻而易举、毫无察觉地完成最复杂、最困难的动作"。[4] 正是通过习惯的力量,与情绪相关的面部表情首先演化而来。举例来说,愤怒时皱起眉头能防止过多的光线进入眼睛,这是一个重要的适

---

① 锁角(lock horns)的字面意思就是"在争斗中互相锁住对方的角",引申义是指"卷入激烈的冲突或争执中,没有一方愿意先妥协或认输"。

应特征，因为当一个人正处于斗争之中时，不能承受视线被遮蔽的后果。相反，扬起眉毛和睁大眼睛可以扩大视野，这对于恐惧时扫视周围环境是非常有帮助的。厌恶时皱起鼻子和抿起嘴唇限制了潜在腐烂或有毒物质的摄入。这些反应是有用的、有特定功能的，因此每当某种情绪出现时，这些反应就会发生。

换句话说，通过试错学到的能带来快乐或避免痛苦的行为可以被采纳，以备将来使用，因为它们是有益的，有利于个体生存。这个观点是现代行为科学的基石，深受达尔文的影响，被称为"效果律"：一个行动越能带来好的结果，我们就做得越多。

这些"感觉等于行动"的戏码，如"恐惧——睁大眼睛"和"战斗——展现力量"，固然是适应性的而且有用的，但它们也达到了其他目的：它们对我们的神经系统有直接影响。例如，达尔文写道："一个人或动物因为恐惧而被逼到绝境，会因此迸发出惊人的力量，而且是众所周知的最高等级的危险。"[5]

这些影响发生得极其迅速，而且是自动的，这使得它们对促进物种生存至关重要。它们不需要时间或深思熟虑，甚至不需要很多能量，就自然而然地发生了。这也是一件好事，因为在一瞬间，我们就可以保护自己，比如本能地逃离危险，同时睁大眼睛，尽可能多地收集信息，了解周围发生的事情，以决定下一步该怎么做。

情绪的另一个显著优势是，它们是一种社会信号，可以将重要信息传递给本物种的其他个体或者本族群的其他成员。事实上，人类和其他动物都有一种生物学上的倾向，会在我们的社会同伴对我们做出反应时，留意他们的情绪，比如说，某人是以充满爱意和赞许的目光看着我们，还是以充满愤怒或失望的目光看着我们，这之间的差别很明显。即使是婴儿，当他们观察到成人脸上的恐惧时，也会惊慌失措，因为他们对危险有所察觉。

在一个名为"视觉悬崖"的经典心理学实验[6]中，一个婴儿坐在透明的有机玻璃桥的一端，该桥离地面4英尺高。从婴儿的角度来看，是看不见有机玻璃的，婴儿只能看到一个长长的悬崖。在桥的另一端，坐着婴儿的母亲。如果她微笑着示意婴儿与她会合，几乎所有的婴儿都会爬过桥的边缘，也就是说，他们会直接爬入那些看起来像是悬崖的地方。但当母亲表现出痛苦或者恐惧时，婴儿就会留在原地不动。[7]

为什么焦虑一定要让我们难受

达尔文颠覆性地改变了我们对情绪在生活中作用的理解。如今，情绪（哪怕是负面情绪）不再被描述成非理性的、有害的，而是被视为适应性的、有用的。转变的诀窍是控制我们的情绪，并将其作为工具加以运用。

功能性情绪理论以此为前提和出发点。[8]它将情绪归结为两个动态部分：评估和行动准备。[9]这个概念与达尔文的"感觉等于行动"的观点非常相似，认为情绪会告知并激励我们做各种有用的事情，例如克服障碍、建设强大的社区和寻求安全。

第一个组成部分，即评估，是我们对一种情况是否令人满意的感知，也就是说，它是否能让我们得到想要的东西，或避免我们不想要的东西。这两者都能让我们感觉良好。这听起来很自私和享乐主义，但是从进化的角度来看，追求感觉良好的东西往往有利于我们的幸福和生存。举个例子，我之前差点儿犯了路怒症，这涉及我的评估：那个司机阻碍了我，让我得不到想要的东西（向前行驶、回家）。此外，因为我认为他的行为粗鲁且不公平，他甚至阻碍了我想生活在一个人与人之间以礼相待的文明世界中的愿景。

我们应该记住，情绪的进化很可能在很久之前就完成了，那时人类还没有开发出危险的成瘾物质和其他的"让人感觉良好但显然有害"的事物。在这些情况中，享乐主义并不是一个有用的基准。

因为评估部分是对情境的解读，是在看每个具体情境是提高还是降低我们的幸福感，它提供的信息直接影响到我们情绪的第二个组成部分，即行动准备。我们的本能反应使我们做出能达到目的的行动。因此，当我的愿望被另一个司机阻碍时，我的面部、身体和头脑都变得活跃起来。血液在血管中加速流动，我的注意力如激光一般集中，发出了"别惹我"的面部信号。如果他在插队之前有所犹豫，我就会直接从他身边飞驰而过。如果他下车冲我大喊大叫（但愿这不会发生），身高"足足"有5英尺4英寸①的我，会毫不犹豫地下车，相信我能对付他。暂且不说这是不是一个准确的评估或明智的做法（肯定不是），我的愤怒为我提供了一个战斗的机会（或者说一线生机）。

---

① 5英尺4英寸 ≈ 1.63米，此处应为作者自嘲。

从功能的角度来看，焦虑是一种迷人的情绪，因为它很像恐惧，但又包含着希望的特质。像希望一样，焦虑涉及对不确定未来的评估。因此，这是一个保护性的警钟，引发了对潜在威胁的不安和忧虑。但它也是一个有效的信号，它告诉我们，现在的位置与希望达到的位置之间存在差距，如果要避开威胁、实现目标，我们需要付出努力。因此，焦虑让人做好行动准备，让我们选择逃跑还是战斗，同时它促使我们努力工作，并取得成就，以实现我们想要但尚未达成的目标。像希望一样，焦虑能培养耐力。

当我们陷入困境、筋疲力尽或面对重重困难时，很少有其他情绪能像焦虑一样，让我们如此有效地关注未来，激发并推动我们达成目标。

焦虑之所以能如此有效，并不是因为焦虑让我们感觉很好，恰恰相反，是因为它让我们感到难受，让人不安、担忧和紧张。我们会尽一切努力来摆脱这些感觉。这种现象被称为负强化——奖励就是停止焦虑。焦虑驱使我们去做一些自我保护的事情，激励我们朝着富有成效的目标前进，然后又反过来，通过减少焦虑，向我们发出一种行动已经成功的信号。这使得焦虑（连同它内置的自毁系统）成为我们最好的生存机制之一。

如果我们把焦虑（和其他不愉快的情绪）仅仅看作需要去压抑和控制的东西，那么我们就忽略了一个事实，即焦虑从根本上讲是一种信息。假设，你已经在焦虑不安中度过了几天时间。你一直试图忽略它，只想保持冷静并坚持下去，但焦虑还是不放过你，因此你决定弄清楚焦虑在提醒你什么事情。你仔细核对心理清单：是什么一直困扰着你？是和丈夫那次争吵吗？不对，那已经解决了。是工作的截止日期迫在眉睫吗？也不是，那完全在掌控之中。是不是你胃酸反流变得越来越严重，而且已经连续5天胃痛？啊，就是它。找到答案了。

一旦确定了焦虑的根源，你就得到了有用的信息。现在你知道该采取什么行动了。在你预约挂号之后，你的焦虑感立即减轻了。你找对了方向。当你看完医生，并得到一个好的治疗方案，焦虑感就消失了。目标已经达成，焦虑完成了它的使命。

然而，如果你发现自己的健康的确出了严重的问题，你的焦虑就会回来，并促使你采取任何必要的额外措施来应对疾病。如果没有焦虑，你或许已经失去了生存和发展的机会。

因此，焦虑必然让你感到难受，至少必须令你感到有一丝不愉快，这样它就会引起我们的注意，告知并敦促我们去采取行动，使我们至少从焦虑感中解脱出来，或许还能连带获得其他的好处。

这并不是说焦虑总是在引导我们采取良好和有益的行动。它也可能会驱使我们产生不健康的强迫症。或者相反，我们可能会选择忽视它，拖延、麻痹自己，或者仅仅是为了压抑这种情绪而做其他没有用的事情。然而，如果我们人类在进化过程中成功地扼杀了焦虑，丧失了这种重要情绪，结果可能会是灾难性的。

试想一下如果史前的人类没有焦虑，他们思考的大部分问题都是当下的问题，只要吃饱喝足，身体无恙，就从来不用费神去担忧或梦想未来。如果没有焦虑，我们人类这个物种可能在很早以前就灭绝了。我们肯定不会成为有能力实现科技进步的物种，不会遨游太空，也不会创造出超凡脱俗的艺术作品。何苦呢？没有了焦虑，我们就会过一天是一天，既不感到忧虑、兴奋、好奇，又感觉不到希望。从这个意义上讲，焦虑从进化之火中产生，驱使我们达到人类的巅峰。只有那些目光长远、思考未来的人，才能筑就文明。

情绪大脑

进化论有助于解释为什么有些情绪是大多数动物所共有的,而另一些情绪似乎是人类所独有的。我们可以在老鼠身上发现类似恐惧的情绪,在大象、狗和灵长类动物身上发现失落和悲伤的痕迹,并在凶猛的捕食者中解读出愤怒情绪。正如达尔文在引用威廉·莎士比亚的《亨利五世》时写道:

> 但当战争的冲击声在耳边响起,
> 就模仿老虎的动作:
> 绷紧筋骨,热血沸腾,
> 然后展露骇人的眼神;
> 最后咬紧牙关,张大鼻孔。[10]

诸如恐惧之类的情绪大概是从我们的哺乳动物祖先中进化出来的。人类感到恐惧是因为受到威胁,而这些祖先已有负责检测和应对这类威胁的大脑结构。攻击性和防御性情绪反应也是如此,这些反应与下丘脑等脑区有关,通过激活或战或逃反应或交感神经系统,来控制关键的身体功能。

另一方面，诸如对后代的爱之类的附属情感，更有可能是为了支持哺乳动物的生存而进化出来的，因为哺乳动物在整个无助的婴儿时期需要长期被照顾。它们不像爬行动物、两栖动物等，亲代甚至在后代出生之前就离开了；也不像鸟类父母，把刚学会飞行的雏鸟赶出巢穴。更复杂的社会情感，如内疚和骄傲、温柔和羞耻，似乎只在社会灵长类动物（人类，也许还有黑猩猩和类人猿）中演化出来了，因为这样的情绪会让我们对部落心存感激，能有效阻止不良或反社会行为。

很多人认为，恐惧是一种古老的、更原始的形式的焦虑，根植于杏仁核等大脑结构。杏仁核是我们的边缘系统或"情绪"大脑的一部分，成对存在，这个单词源于希腊语中的"杏仁"，因其酷似杏仁核而得名。但事实上，杏仁核远远不只是一个恐惧中心，它也是一个连接我们大脑感觉、运动和决策区域的中枢。当我们感到恐惧或焦虑时，杏仁核就会被激活，但它也会提醒我们注意有显著性、新颖性和不确定性的东西，即任何可能会对我们造成影响的不寻常的东西。当我们面对新颖的或模棱两可的事物，比如当有人用难以理解的表情看着我们时，杏仁核就会被激活。但是我们得到奖励的时候，杏仁核也会被激活。这就是为什么它不仅仅是对负面情绪起作用：它是大脑的中心，帮助我们应对恐惧和欲望的来回拉扯。一般认为，杏仁核是大脑奖赏系统的一个核心部分，有力地塑造了我们对好的事物和坏的事物的学习和记忆，并影响着我们如何选择去应对这些事物。

奖赏系统和焦虑的背后存在一个关键的神经递质——多巴胺。多巴胺的任务是将信息从奖赏系统传递到涉及决策、记忆、运动和注意等方面的其他大脑区域。它经常被描述为"让人感觉良好的荷尔蒙"，因为一个人在做一些能带来快乐的事情时（如享用美食、药物成瘾、性交或刷手机等），就会释放多巴胺。但是多巴胺不只是在获得奖赏之后才会激增，它还会抢先一步激活大脑区域，来激励我们去追求这些奖赏。这就是为什么即使多巴胺实际上并不像内啡肽等其他激素那样会让我们感到愉悦，却与成瘾行为密切相关。

研究者发现，触发多巴胺释放的不仅仅是成瘾性、愉悦性的事物，焦虑也能达到这个效果。[11]为什么？因为焦虑促使人们去追求好的、有益的结果，避免坏的、惩罚性的结果。当人成功获得理想的结果时，多巴胺就会释放,然后当我们感到焦虑减轻带来的解脱时,多巴胺会再次释放。多巴胺的释放为这两种愉悦发出信号,让我们明白利用焦虑去做一些事情是有益的,并激励我们在焦虑出现时继续采取有效的行动。

焦虑成功地整合了基于大脑边缘系统的恐惧和奖赏系统,但如果没有最新进化的大脑外层(大脑皮质)的贡献,它就称不上是真正的焦虑。前额叶皮质是大脑皮质的一个部分,在我们需要调用执行功能时会保持活跃。所谓执行功能包括行动抑制、注意力控制、工作记忆和决策制定等。这些功能在焦虑过程中不断被征用和激活,以指导和调节我们情绪反应的各个方面(认知评估、行动准备倾向和情绪感受)。杏仁核还会与大脑中的一些区域进行交流,从而让我们能利用记忆和思维,并且在"我们是谁"和"我们关心什么"的背景下理解我们的焦虑。类似区域包括支持学习和长时记忆的海马,以及涉及意识和自我意识的岛叶。

换句话说,虽然杏仁核是情绪大脑的核心组成部分,但它并非存在于真空中,它是大脑区域及其支持的能力网络中的一个相互关联的枢纽。这就是我们所说的神经网络。前额叶皮质等后进化的大脑区域,调节我们先进化的杏仁核等边缘大脑区域。我们生活的世界中充满了危险、奖赏和不确定性，这些都是我们为了生存而需要关注的事情。在这样的世界中生存时，前额叶更慢，也更慎重，而杏仁核更快，也更自动。

焦虑也是如此：焦虑不仅仅产生于自动的、反射性的、古老的恐惧大脑，但也不能简单地追溯到进化的、深思熟虑的、认知复杂的大脑皮质，而是这两者之间的交叉和平衡。

焦虑和威胁的生物学基础

从神经科学的角度上讲，焦虑的关键是防御性大脑，这是一个协调的区域网络，它们可以共同检测真实的或者潜在的威胁，并协调我们的努力来抵御危险。这些区域包括在上文中讨论的脑区（如杏仁核、前额叶），也包括中脑导水管周围灰质等大脑结构，它们有助于我们控制自动的或战或逃行为。

这种防御性的大脑网络使我们能够快速、毫不费力地学习和记住产生威胁的事物。[12]如果你在周一被狗咬了，那么你周四再次看到那条狗或者任何一条狗时，你的防御性大脑反应会更快地被激活。这些反应让我们感到紧张，并让我们为可能再次被咬做好准备。这些反应也是学习的基础：我们学到周围有狗时要更加谨慎，并寻找它们可能具有攻击行为的迹象。这样做的好处是显而易见的。

然而这种防御的优势也会物极必反。当对狗的恐惧变成一种焦虑症（恐犬症）时，我们就会开始高估任何狗带来的危险。如果我们分不清咆哮的垃圾场看守犬和可爱的小狗之间的区别，我们的威胁信号和安全信号就会混淆，就像交错的电线一样。我们会放大潜在的危险，时刻保持警觉，结果是无休止地审视我们周围的环境，试图弄清楚为什么我们内心高度警惕。

当这种情况发生时，心理学家称为注意威胁偏差的东西就会形成。[13] 这是一种通过消极的视角看世界的无意识的习惯——时时刻刻寻找威胁或危险，一旦发现负面信息就会陷入其中，对我们实际安然无恙的证据视而不见。换句话说，注意威胁偏差就像一个信息过滤器，让负面信息顺利通过，而经常筛掉安全的信息。

想象一下，你在100位观众面前做演讲。你向人群中望去，立即注意到其中一位观众皱着眉头，甚至昏昏欲睡。在一瞬间，你的视线变得如隧道一样狭窄，目光完全集中在那个人身上，仿佛其他人都不存在了。你注意不到其他99个人正在聚精会神地听，微笑着点头。这种对负面观众成员的关注就是一种注意威胁偏差。其结果是，你对负面反馈保持高度警惕，而忽略所有表明你其实做得很好的证据。然而，在当时，你是意识不到这点的。你只知道自己很紧张，并且即将失败。

就像其他心理偏差一样，注意威胁偏差是人类在进化中产生的一种启发式思维，即大脑用来衡量我们生活中发生的事情的快速、自动的标准。它依赖于我们快速、自动地检测威胁的本能，这是防御大脑的核心任务。但注意威胁偏差导致我们对事物的关注产生不平衡，以致我们宁愿以牺牲积极因素为代价去关注负面的信息。当注意威胁偏差成为一种习惯时，它会使我们的或战或逃反应处于一触即发的状态，并加剧我们的焦虑感。

人群中的面孔是一个很有说服力的例子，因为我们的大脑对人脸的反应是注意威胁偏差的一个关键方面。面孔是我们大脑最关注的事物之一。在几毫秒内，我们本能地识别并解码面部表情中最微妙的层面。我们甚至无法刻意压制这种本能。我们的大脑中甚至有一个地方专门负责这项工作：梭状回面孔区。很久以前，达尔文就预言了这一点；能够幸存下来并茁壮成长（也因此遗传了他们的基因）的人是那些可以解码人脸的人。有一些面孔尤其吸引我们大脑的注意，例如，我们尤其注意愤怒的表情，因为愤怒预示着危险。但是，当我们长期处于焦虑状态时，我们判断危险和安全的能力就会被扭曲。

我自己和其他实验室的研究表明，了解注意威胁偏差可以帮助我们预测一个人健康的焦虑是否会转变为焦虑症。最重要的不是我们是否特别注意负面信息，而是我们处理这些信息的方法。我们是一直低头盯着演讲稿，从不抬头，还是看向观众去寻找笑脸？换句话说，我们是否会利用焦虑将注意力引向有益的事情？

想象一下，你坐在电脑屏幕前，看着一系列的人脸，有些是愤怒的，有些是高兴的，还有些没有表情。这项任务看似简单，但是交给一些高度焦虑的人来做，会有很多发现。通过使用跟踪我们目光的眼动追踪技术，以及测量我们大脑对面孔反应的脑电图技术，我们发现，大部分焦虑的人存在注意威胁偏差，即过分关注威胁性的愤怒面孔。[14]而且，这些人中最焦虑的人同时也会表现出过少关注高兴的面孔——就像在观众面前发表演讲的人一样。人类的支持性社会关系是积极情绪和奖赏的最丰厚的来源之一，而我们如何以及是否能够从这份关系中汲取能量，对我们的焦虑会产生巨大的影响。

社交脑与焦虑

与所爱之人在一起可以减轻焦虑。这在直觉上是很好理解的，但是表象之下隐藏着什么深层的原因呢？

焦虑通过改变我们身体的化学成分使我们注意他人。它会提高我们的应激激素皮质醇的水平。焦虑还会触发我们的大脑产生催产素，即所谓的"社交荷尔蒙"。催产素的出现一定与和他人建立联系有关，它是我们恋爱时释放的荷尔蒙，而当女性生孩子的时候，它不仅有助于分娩过程，而且有助于与新生儿建立情感纽带。催产素让我们想念我们关心的人。因此，焦虑通过刺激催产素的释放，鼓励我们与他人建立联系。

除此之外，催产素对大脑有直接的抗焦虑作用。研究表明，血液中催产素水平的升高会导致应激激素水平骤降，杏仁核活动也会减少，就像服用苯二氮䓬类抗焦虑药物一样。催产素的作用如此强大，以至研究人员已经开始研究它在治疗焦虑症方面的潜在用途。

既然现在我们已经与他人建立了联结，我们的大脑也在生理上得到了安抚，那么与所爱之人在一起如何以更明显的方式缓解焦虑呢？早在21世纪初，一个简单但巧妙的临床观察激发了一些关于此问题的新想法。一位心理学家正在对一位患有创伤后应激障碍的退伍军人进行治疗。多年来，这位老兵一直抗拒寻求治疗，他说自己不需要看心理医生。但那天陪伴着他的妻子最终说服了他尝试一下。病人缓慢地、断断续续地分享了他对战斗的痛苦回忆。每一次他感到心烦意乱想要离开诊疗室时，他的妻子就会轻柔地握住他的手。每次她这样做，老兵就能克服创伤，继续讲下去。他最终在治疗中获得了帮助。

这位心理学家也是临床神经学家，这次经历让他改变了思考社交关系对焦虑的影响的方式。几年后，在2006年，他和他在威斯康星大学的同事们将这个想法付诸实践。[15]他们招募志愿者参加一项研究，然后给志愿者制造一些非常具体的焦虑：在磁共振成像机器里接受随机出现的电击。

被电击的可能性本身就已经够令人恐惧了，磁共振成像的机器还是一个被巨大超导磁体包围的大管子，置身其中让实验变得更加可怕。参与者们躺在一张桌子上，被传送到机器里，机器从头到尾发出巨大的噪声，就像锤头在快速且持续不断地敲击。

1/3的参与者独自进入了这台可怕、嘈杂、幽闭恐怖的机器。其余的人被允许握住陌生人的手，或握着伴侣的手。那些握着伴侣的手的人在与焦虑相关的大脑区域表现出最低水平的活动，这个区域包括杏仁核和与情绪管理有关的前额叶皮质的特定区域，即背外侧前额叶皮质。但这个现象基本只出现在和伴侣关系好的人身上。和这些人相比，与伴侣的关系质量一般的人表现出更多的与焦虑相关的大脑活动，以及更高水平的压力荷尔蒙。和陌生人握手的人也表现出更多的与焦虑相关的大脑活动，并涉及更多的脑区，如前扣带回皮质。而最后一组，那些独自面对电击，没有手可握的人怎么样呢？他们在所有脑区都表现出最高水平的大脑激活。他们的大脑非常努力地工作，以控制他们的焦虑。

这项研究说明了社交联系可以缓解焦虑，哪怕肤浅的联系也有效果。仅仅是其他人的存在，姑且不说爱人的存在，就有助于我们的大脑应对威胁的压力。这被称为"社会性缓冲"：因为人类是在群体中进化的，所以我们很早就学会了相互依赖，这样我们就可以共同面对困难，而不是孤军奋战,从而消耗更少的情感能量,获得更多的利益。如果我们与社会隔绝,每一个挑战都会变得更加困难。

关于这个问题的一个极端的例子是监狱的单独监禁。在美国,新教教派之一贵格会于19世纪初期引入了这一做法,目的是为监狱囚犯进行自我探索和忏悔提供时间和空间。然而,不久后,他们就发现了我们今天也会看到的令人震惊的心理瓦解现象:囚犯们以头撞墙,割伤自己,企图自杀。贵格会很快终止了这一做法(尽管单独监禁目前依然存在)。我们对社会联系的需求是如此基本,以至人们明白了单独监禁是一种酷刑,使人们变得更加焦虑、反社会、缺乏人性和好斗。

心理学家哈里·哈洛(Harry Harlow)在20世纪50年代开展了一些关于社会隔离的最早研究。研究中,恒河猴幼崽自出生起被隔离在黑暗中长达一年。在脱离隔离后,它们表现出严重的心理和社会障碍,包括持续的自我孤立、焦虑和压抑。这种损害是不可逆转的。这一实验被命名为"绝望之井"[16],以现在的标准来看它是不人道的,通常被认为催生了动物解放运动。

当我们独自承担焦虑的重担时,我们就有被困在绝望之井中的风险，就像哈洛实验中的可怜的小猴子们。焦虑与我们的社会进化密不可分。我们深知，应对焦虑最好的方法之一，是利用多个大脑（即我们的社交网络）来分担情绪负荷，这种方法可以通过简单的握手行为实现，也能通过无数种其他寻求和提供社会支持的方式来实现。

焦虑远远不止常说的3个"F"：战斗（fight）、逃跑（flight）、恐惧（fear）。它是一整套保护性的和高效的方案，引导我们获得奖赏，并将我们和群体联系在一起。它之所以能做到这点，恰恰是因为它让我们感到不舒服：我们天生就能感知和厌恶这种不适，因此，我们被迫倾听焦虑所提供的信息，并采取必要的行动来改善情况。焦虑包含着美丽的、分型的对称①，演变到今天，它自带全部工具，引导和激励我们改善自己的处境，并应付焦虑本身带来的不适感。

焦虑把威胁、奖赏与社交联系这3个看似不相关的系统联合在一起，帮助我们应对世界固有的不确定性。焦

---

① 分型对称：一个粗糙或零碎的几何形状，可以分成数个部分，且每一部分都（至少近似地）是整体缩小后的形状，即具有自相似的性质。作者把焦虑称为"分型"是因为"焦虑的能力"除了能激励我们改善生活，还能让我们学会如何应付焦虑自身，形成自相似。

虑和希望一样，给予我们继续前行的耐力，也给予我们专注力和能量，让我们朝着期望的目标努力。从这个角度来看，焦虑和希望并非对立的存在，而正如硬币的一体两面。

第 3 章
对未来的焦虑

对未来的焦虑驱使人们探究事物的原因。

——托马斯·霍布斯,《利维坦》[1]

一个巨大的螺旋形楼梯沿着光线充足的大厅蜿蜒而上,两侧是精美的藏式狮子雕塑。整个空间摆放着雅致的曼陀罗绘画和佛像。鲁宾艺术博物馆致力于展示喜马拉雅文化,这使得右侧的东西似乎与之格格不入:一整面墙,分为蓝红两个区域,从下到上都覆盖着数百张白色卡片。走近它,我能辨认出每张卡片上的文字,就像显而易见的秘密信息。发现它的不止我一人。我6岁的女儿南迪尼凑上前,看了几张卡片,环顾四周,像往常一样,她第一个看明白了情况,说:"他们想让我们参与创造艺术!"

旁边的桌子上放着一堆卡片，上面写着"我充满希望，因为……"或"我很焦虑，因为……"。南迪尼选择了一张代表希望的卡片，用她擅长拼写的单词"爱"（love），完成了"我充满希望，因为……"的句子。她自豪地把卡片挂在了蓝色区域的其中一个挂钩上。旁边的卡片上写着："我充满希望，因为……""无论你多么孤独，都可以去想象一个适合自己的世界""成绩不好的人也能成功""她答应了！"

墙的红色区域有很多卡片，上面写着"我很焦虑，因为……"，后面是一些句子，如"我不知道下一步如何是好""种族主义正在摧毁我们""我不知道我能否再次找到爱情""我的女儿正在挣扎""我鄙视智慧，因为它给了我虚假的希望"。

我9岁的儿子卡维从来了之后就一直在研究卡片。他指出了一个有趣的规律：焦虑的卡片往往与希望的卡片相同："我焦虑，因为我有一个工作面试""我充满希望，因为我有一个工作面试""我焦虑，因为人们在为政治而战""我充满希望，因为人们在为政治而战"。

他问我："我们怎么能对同一件事既感到焦虑又充满希望呢？"

在这里，在"焦虑和希望的纪念墙"前，我们这些参观者体验到焦虑和希望是如何紧密地交织在一起的，它们是如何像波浪一样起伏的，有时相互竞争，有时相互呼应或矛盾，却总是共同推动我们走向想象的未来。正如纪念墙的创作者所描述的那样："焦虑和希望是由尚未到来的时刻所定义的。"

换句话说，焦虑和希望使我们成为精神上的时间旅行者，直奔未来。

焦虑塑造了人类历史的进程。要理解这一点，我们必须首先探索人类物种的根本变化，这些变化使我们感受到焦虑，然后探索未来思维的多样性，这些思维决定了我们如何与焦虑共存，以及我们如何利用焦虑取得成就。

我心系自己对未来的规划

仅仅在几百万年前，我们的进化史上有一个小亮点，我们智人与我们的祖先能人和直立人以一种特殊的方式分化出来：我们发展出了一个巨大的大脑。有多大？几乎是那些祖先头骨大小的3倍。然而，我们的整个大脑并没有膨胀起来，扩大的只有一个非常特殊的部分：前额叶皮质。这是一个帮助我们控制情绪和行为的区域。仅凭此功能就足以证明我们需要增加能量来支撑更大的大脑。但前额叶皮质还使人类能够做其他动物做不到的事情：想象没有真实发生的事情、打破思想与现实之间的界限。换句话说，得益于前额叶皮质的存在，人类的大脑成了现实的模拟器。在现实生活中做出尝试之前，我们可以先在脑海中体验：我们可以想象尚未发生的事情，重温过去的时光，并在事情发生之前想象可能的结果。

模拟现实的能力和回顾过去、展望未来的能力，与对生拇指一样是进化的优势，使我们能够从穴居者变成文明的建设者。当我们可以预演自己的行动时，我们可以想象会出什么问题，做出更好的决定，并想清楚如何努力实现我们想要和需要的未来。

从最小的决定到最高级别的挑战，我们无时无刻不在使用心理模拟。在我们告诉老板公司预计的亏损之前，先讲几个笑话来缓和一下情绪，这主意如何？我们不用试就知道这可能是一个糟糕的想法。精英运动员（从芭蕾舞首席女演员到奥运选手）在心理上模拟表演和比赛是训练的重要组成部分。奥运会冠军迈克尔·菲尔普斯每天早晚都在想象即将到来的每场比赛的细节——想象每一次入水、划水、翻转和滑行的动作要领以及潜在的问题，从泳镜起雾到因犯规被取消资格。无论是最好还是最坏的情况发生，他都已经预见到并做了准备，准备好了迎接一切。

谢谢你，前额叶皮质。

未来思维的多样性

尽管许多人认为幸福的关键是活在当下——不需要模拟，但前额叶皮质提供的非凡的想象未来的能力，赋予我们巨大的优势。焦虑会促使我们去关心未来，帮我们做好万全准备。然而，正是人类对未来丰富多样的思考决定了我们如何处理焦虑——是我们利用焦虑，还是被焦虑利用。

我们思考未来的方式往往会陷入困境：从乐观到悲观，从相信自己掌控一切到感觉自己是命运的俘虏。焦虑以一些令人意想不到的方式参与其中。

我们都知道乐观主义假设未来很可能是有利的，我们取得的成就和成功也将超过自己的不足。我们大多数人都倾向于乐观。正如许多研究所做的那样，假如问一个年轻人："跟与你年龄相仿、性别相同、背景相似的人相比，你能够获得认可你成就的奖项、找到高薪工作、与挚爱结婚，以及活过80岁的可能性有多大？你酗酒、失业、染上性病、离婚，或死于肺癌的可能性有多大？"大多数人认为，好结果发生的可能性明显高于平均水平，而坏结果发生的可能性则低于平均水平。尽管事实上统计学上的正确答案是，我们获得好结果和坏结果的可能性都只是一种概率[2]。

乐观主义在现实生活中有着明显的好处，从增加我们的动力和增强我们追求目标的努力，到提高幸福感。然而，想象一个积极的未来并不一定会让我们更快乐，心态调整得更好。甚至，乐观的弊大于利。

这方面的一个例子被称为积极放纵[3]，这是一种幻想，我们想象一个渴望的未来，但不把它与我们当下的现实联系起来。我们想拥有一份令人满意的高薪工作，但忘了自己没有学位或有用的技能，而且更愿意每周只工作20小时。我们从不去想如何实现目标。当我们以这种不切实际的方式幻想时，我们不太可能为目标而奋斗，也不太会为克服困难做计划。因为当下感觉良好，让我们沉迷于这种幻想——研究表明，它甚至有助于提升我们短期的积极情绪，但从长远来看，我们很可能会失败，沉浸在痛苦中。

由于乐观的感觉很好，我们常常认为悲观是一种不健康的思考未来的方式。我们相信这种未来思维的阴暗面会使我们感到更加焦虑和沮丧，并会导致我们无法实现目标。事实远比这复杂。

悲观主义可以导致坏结果，也可以产生好结果。极端情况下，悲观主义的负面影响很明显，往往伴随着焦虑症，例如：

灾难化："这将是一场彻底的、毁灭性的灾难。"

元焦虑，即对焦虑本身的焦虑："我如果变得焦虑、过度担心，就会受到伤害或导致一些不好的事情发生。"

无法忍受不确定性："我的未来是不可知的、不可预测的，这是可怕和不可接受的；负面事件随时可能发生。"

我们可以在一系列的焦虑症中看到这些悲观的模式[4]。例如，灾难性思维在创伤后的幸存者中很常见，他们在想象未来时常常陷入一种痛苦的循环中，参照过去的经历想象未来("当我明天早上照镜子时,我将会看到被殴打后留下的疤痕"),或者以灾难性的方式想象未来("明天我去面试新工作的时候,我会彻底崩溃的,他们会让保安把我弄出去")[5]。还有些人患有元焦虑,比如被诊断为广泛性焦虑症的人。虽然他们长期担心,希望能预见到威胁和问题,以便找到解决方案,但他们也意识到担忧本身就是一种危险,并有这样的想法:"担忧会让我失去理智","担忧会损害我的身体健康","担忧会导致心脏病发作"。

如果悲观主义成为一种习惯,它可能会导致真正具有破坏性的悲观确定思维[6],在这种思维模式下,我们不仅认为坏事肯定会发生,而且认为我们无力解决它们。悲观确定思维会使本来已经很焦虑的人更加焦虑,但当它延伸到事物的另一面,即确定好事也不会发生时,它就会引发抑郁[7]和自杀的想法[8]。当我们再也看不到改善的可能性时,我们可能会开始觉得不值得活下去。

然而,思考未来的消极面也会有积极作用。关于衰老和疾病的研究表明,关注未来最大的消极因素之———死亡——有助于我们享受当下[9]。当意识到无论是因为衰老还是生病,我们的生命都是有限的,我们就会优先考虑健康的目标,如与朋友和家人建立强大的情感联系或享受愉快的活动。思考未来终有一死，会促使我们去追求当下的快乐。

从乐观到悲观，焦虑处于什么位置？令人惊讶的是，它往往处于中间，因为它不只事关积极或消极的未来，还迫使我们应对不确定性。

想象一下，有人要求你连续两周每天做以下事情："请试着以最精确的方式，想象明天可能发生在你身上的4件消极的事。你可以想象任何事情，从日常麻烦到非常严重的事。比如，'当我接下来急着赶去参加朱莉的婚礼时，理发师剪坏了我的头发'，'当我早上洗澡时，水突然变得很凉'或'我的家庭医生刚刚得到检查结果，显示我的视力问题是由肿瘤引起的'。"

但是，如果你收到指示，"请试着以最精确的方式想象明天可能发生的4件日常的事，即你几乎没有注意到的事情，如刷牙、洗澡、系鞋带、乘车或打开电脑"，情况会有什么不同呢？

一项针对大约100人的研究就是这样做的[10]。当他们被要求想象两周的消极事件时，他们的情绪没有多大变化；他们的焦虑没有增加，幸福感也没有下降。但当他们被要求想象乏味的日常事件时，他们的焦虑减轻了。

这一出人意料的发现告诉我们，不确定性（而不是悲观或乐观）是导致焦虑和令人不快的原因。这是因为焦虑和不确定性是如此紧密地联系在一起，以至即使是考虑或计划最平凡的、易被忘记的，但可预测的未来的事情（像刷牙这样简单的事情）也能控制我们的焦虑情绪。喜欢制作列表的人（包括笔者本人）对此了然于心。

　　如果焦虑的进化功能是让自己关注不确定的未来，并促使我们为此采取行动，那么我们还拥有未来思维的一个更有用的方面：我们必须相信自己有能力、有控制力来塑造未来。

　　当我们思考未来时，相信自己是命运的书写者，还是命运无助的受害者？每个人都会控制信念，以上是两种极端情况。在任何给定的时刻，我们所处的状态都会对自己的情绪健康产生强烈的影响。当我们对自己掌控命运的能力失去信心时，我们可能会显得很现实，但也会感到更加沮丧。在心理学上，这被称为抑郁现实主义：更加悲伤，但也可以说更加明智。这是一个高昂的代价。

　　尽管有相反的证据，幸运的是，我们大多数人都宁可相信自己能够控制未来，即使理性告诉我们这是不可能的。称之为白日做梦似乎有些武断，但事实就是如此。数十项研究考察了我们对不可控因素依旧认为可控的各种方式，显示我们大多数人相信，如果我们以某种方式旋转抽奖盘或掷骰子，运气会指引我们走向胜利。该领域早期的一项研究表明，绝大多数人坚信，如果不采用随机产生的号码，而是自己挑选彩票号码，中奖的可能性更大[11]。同样的控制幻想也适用于不单纯依赖运气的情况；人们确信，通过强大的意志力，可以把梦想变成现实，同时避免灾难。

这种控制幻想的产生是因为人们很自然地将成功归因于自己，将失败归咎于外部因素。心理学家将这种解释事件的习惯称为"内部—稳定—全局归因风格"[12]，假定我们能控制生活中的积极事件。之所以称为内部—稳定—全局，是因为我们把好的事件归因于我们自己而不是别人的努力（内部而非外部），相信这种情况几乎总是会发生（稳定的而非不稳定），并且相信在我们生活中的任何情况下都是如此（全局而非局部）。这些归因方式也延伸到了未来：可以据此推断未来。我们可以把这种归因习惯看作对不确定性的管理：一次又一次的研究表明，这本质上是个思维错误，但健康的情感生活却离不开它。

反之，当拒绝这种控制积极事件的幻想时，我们就更容易抑郁。抑郁症甚至把这种健康的归因风格颠倒过来，导致我们相信积极的事件是由于外部的、不稳定的和具体的原因造成的。也就是说，好事的发生是偶然的，不受我们控制，而且只是偶尔发生。我们很难对这样的未来保持期待。

与抑郁形成鲜明对比的是，焦虑吸纳并利用了内部—稳定—全局的归因风格。当人们焦虑时，即使是非常严重的时候，仍然相信美好的事情会发生在自己的生活中。为了帮助焦虑达成这一目标，我们最常进行的心理行动是我们都熟悉的担忧。

担忧是一种相信我们可以控制未来的信念

大多数人，包括我自己，在日常生活中会把"担忧"和"焦虑"这两个词当作同义词使用。但是心理学对这两个词的定义完全不同。焦虑是一种感觉、行为和思想的混合体。感觉是我们身体的生理感觉，比如忐忑不安、如鲠在喉和兴奋不已。行为是当我们的威胁反应被触发时我们所做的事，即战斗、逃跑或冻结。

与此同时，我们的思想总是试图弄清楚我们为什么焦虑，以及应该怎么做。这个思考部分就是担忧，担忧有明确的对象，而焦虑是可以无对象的。有时人感到焦虑，但是并不清楚为什么焦虑，这会使人感到烦恼。所以人会尝试用深呼吸或用酒精麻醉自己（也许不太明智）。相比之下，担忧是尖锐而直接的：我担心自己付不起房租。我担心自己会像祖父一样死于同样的疾病。当我们担心的时候，我们可能仍然会伸手去拿一杯酒，希望它会有所帮助。但是担忧也促使我们去做一些真正有用的事情，比如问自己：我现在应该做什么？

通过担忧，我们开始考虑如何处理引起焦虑的情况。我需要想办法获得更多的钱来支付房租。我必须去医院做检查，这样才能知道是否得了某种疾病。担忧是强烈的、持续的、无情的，因为它的唯一目的是帮助我们想出如何应对威胁的办法，让事情最终会好转。

你在没有担忧的情况下也可能会焦虑，比如当你的焦虑情绪是分散的、模糊的、难以确定的，但担忧不能脱离焦虑独立存在。研究人员研究担忧的办法是通过引导被试唤起关于他们担忧的特定思想和观点来进行，往往这时焦虑的感觉便紧随其后[13]。指导语是：

花点时间关注你的身体感觉：**你的呼吸、心率、肌肉（尤其注意你的肩膀和面部肌肉），以及你的坐姿或站姿（紧张还是放松）**。接下来关注你的想法：**你现在在想什么？**

然后列出触发你焦虑的三件事，并挑出其中情绪最强烈的一件。用整整一分钟的时间，只思考那个最强烈的焦虑触发因素。全身心地投入。如果可能的话，尽量生动地思考它：**画面、细节、可能发生的最坏情况，以及你将如何应对**。

一分钟过后，重新调整身体：你的心跳是否加快？你是否感到虚弱或发热？身体僵硬或喉咙发干？你的呼吸是否更快或更急促，或者是否出现忐忑不安的状态？

显然，担忧的感觉不太好。它很容易使焦虑恶化，把我们的思想固着在麻烦和不确定性上，引发我们身体的应激反应。既然担忧的感觉不好，为什么我们还要保持呢？因为担忧有一个特殊的让人感觉非常好的方面：担忧让我们感觉自己正在采取行动。当我们焦虑时，常常会引发担忧，这会加速我们对未来的心理模拟，迫使我们计划下一步该做什么。因为相信我们能控制未来，这种想法让人感觉良好，所以我们一直保持担忧。

我对担忧思考—计划—控制的本质有亲身的了解，因为我有过一生中最令人焦虑的经历：得知儿子患有先天性心脏病。

当我怀着我的第一个孩子卡维时，我们发现他的心脏有严重的问题，需要在他出生后的几个月内进行心脏手术。我对此事的焦虑可想而知。一般人可能想不到的是，我的孩子不到6个月大就经历了从确诊到接受手术再到康复的整个过程，这一年担忧成了我最好的朋友，尽管它最让人精疲力竭。我所感到的恐惧并不是特别有用，而我所感受到的自由漂浮的焦虑稍微有用一些，因为它激励我继续前进。正是我焦虑中的担忧部分，使我总是多想一步，避免儿子因为没有获得他需要的医疗干预而面临危险。担忧促使我想办法最大限度地提高手术成功的概率，并将可能出现的最坏结果的概率降至最低。

我的担忧不胜枚举。当我还在孕期时，我就在担忧他的预后，以及他出生后会有多虚弱。我一遍又一遍地想象照顾一个生病的婴儿会是什么样子；我想成为母亲中的"奥运游泳运动员"，想象着我儿子可能遇到的每一次紧急医疗情况,就像在泳池里每一次划水。我迅速进入了信息收集模式:我阅读了关于卡维所患疾病的每一篇论文,搜索了先天性心脏病社区的博客网站,在每周的产检中向护士和医生询问了无数个问题,通过产检的超声波和超声心动图跟踪他的发育情况。

担忧帮助我制订了计划。在他几个月大的时候而不是出生后立即进行手术,可以让他的心脏有时间长得更大、更强壮,所以我们雇了一名婴儿护士,以延长我们在家里照顾他的时间。我担心找不到最好的外科医生。我们发现了一些优秀的医生,但不得不在他们中做出选择——是应该选择对病人态度更好的医生,还是选择泰山崩于前都能高度专注、镇定自若的医生?(我们最终选择了后者。)每个星期,我都在设想最好和最坏的情况,与专家讨论了每一种突发事件,并尽可能地计划好护理的每一个细节。当然,我也担心我们到底该如何渡过这个难关。

最后,正是这种担忧帮助我们挺了过来。担忧使我能够高效地做足准备,同时它还给予我情感支持,因为我一直相信,如果我足够努力地计划、工作和思考,我的儿子就会茁壮成长。尽管我也知道,对未来的完全控制是一种错觉。担忧成了我的信念,即面对不久前还相当于判了死刑的疾病,我们可以为儿子的生命而奋力一搏。

不要误解我的意思。担忧并不总是对人有帮助。当担忧长期存在以及处于极端情况时,它会破坏而非帮助我们创造自己想要的未来。例如,焦虑症中最常见的一种,广泛性焦虑症,其关键组成部分便是担忧。在早些世纪中,广泛性焦虑症被称为泛化恐惧症,或对一切的恐惧。这是有道理的,因为被诊断为此病的人会不加区分地担心世界大事、财务、健康、外貌、家庭、朋友、学校和工作,这会使得担忧非常耗时。广泛性担忧也令人苦恼,因为它让人感觉失控并持续存在,就像我们头脑中有一台永动机一样。这样一个庞然大物让人感到恐惧,仿佛它会导致精神或身体的崩溃。

宾夕法尼亚州立大学的研究者在2004年的一项研究中阐明了这种危险性[14]。他们要求广泛性焦虑症患者做两件完全相反的事情:第一,担心真正困扰他们的事情;第二,将所有注意力集中在他们的呼吸上,以便放松。在呼吸训练中,他们记下是否仍然感到被挥之不去的担忧所干扰。事实证明,即使在专注于呼吸时,他们仍被侵入性的担忧、无法集中注意力、不安、紧张和疲劳的感觉所困扰。换言之，他们无法消除担忧。在最极端的情况下，担忧变得自动化，甚至在安全和放松的时候我们也会担忧。

选择你的冒险历程

对于未来的思考可能会有所帮助，也可能会碍手碍脚。但是，当我们思考未来时，总是伴有某种情感的特质；也许我们会感到不确定的兴奋感、高度的专注和心跳的加快，或者当我们调动资源为未知做准备时，会有一点儿肾上腺素的迸发。此时，我们的思维已经进入了将来时，不确定性、焦虑和希望并存。

这种模拟的本质赋予了我们活力。思考过去和现在并不能给我们带来这种优势或紧迫感。焦虑告诉我们，等待未来自行发生可能会很糟糕，所以我们最好创造我们想要的结果。这和《选择你的冒险历程》[①]一书没有什么不同。

我儿子的手术日期一确定，我的大脑就开始计划未

[①] 《选择你的冒险历程》(*Choose Your Own Adventure*，又译《惊险岔路口》)是美国20世纪80—90年代流行的一套儿童图书，故事中反复出现需要读者做出选择的情景，读者根据自己喜好翻到不同页码，会读到不一样的故事。

来：我们要租一辆车，再雇一个司机，在早上6点出发去医院，这将使我们有充足的时间到达那里，而且不必担心开车的问题。在办理了入院手续后，我们就要与护士见面，探讨我手术当天才想到的问题。事实上，我会在前一天晚上把所有疑问都写下来，以防到了医院我的大脑一片空白。与护士见面后，麻醉师将介绍手术过程，并给卡维注射麻醉剂，让他入睡，这对我来说会是一种解脱，因为这样我就不必考虑他是否害怕。我在想是不是该由我把卡维抱进手术室。如果是他母亲把他交给手术团队，他会感觉好一点儿还是更糟？

如果选择我把他抱进手术室，请翻到第20页。如果选择我丈夫抱，请回到第53页。

也许这样的黑色幽默不合时宜。但是，想象接下来会发生什么，然后在所有可能的方案中做出选择，就相当于用将来时看待我儿子的手术。担忧和计划涌入我的脑海。我的思绪飞速运转，尽管这只是一个心理模拟过程，但我的心跳加快，好像在为这个事件做准备。当我面对不确定的未来时，我感到焦虑、希望、恐惧、困惑以及其他事情的折磨，但我也感到更加专注。当我回到当下时，我给自己一个喘息的机会，以免在担忧中陷得太深，我依然没有忘记我们将面临的危险，但我感到对任何事都做足了准备，尽我所能确保得到一个好结果。

从过去时和现在时来看，我对这场手术的体验非常不同。在现在时下，我驾驭着一股永不停歇的思想、感知、感觉和想法的洪流（有些是关于手术的，有些是关于其他事情）。"哦，不，亲自把他交给手术团队是个糟糕的主意，我不确定是否能把孩子放手交给他人。还有这个巨大而明亮的房间，里面摆满了闪闪发光的金属仪器——我要么会晕倒，要么会呕吐。我最好不要吐在医生身上！好了，灾难避免了，他进手术室了。我只需记住一切都会好起来的。我们的外科医生是最好的。这种手术对他来说轻而易举。现在我只需要设法走到候诊室。好的，这里是候诊室。这里真的真的很安静。有人在角落里窃窃私语。我丈夫在哪里？哦，他来了。我很感激我们的朋友、家人和我们在一起。呃，这咖啡太难喝了，让我更加恶心。为什么我非要喝它？时间过去了多久？一小时？三小时？开门的是外科医生吗？手术完成了吗？没有。那边那个是他吗？也不是。这回是吗？还不是。什么时候能结束？为什么有人喷了这么浓的香水？"我的思绪躁动不安。

然而，在过去时中，当我一遍遍回忆手术时发生的故事时，时间变慢、变长了。在这个故事的一个版本中，我专注于自己一系列的感受：在等待时，我感到冰冷的恐惧；我脑海中闪过痛苦的画面：医生打开卡维的胸腔，切开他的肋骨，让他的小心脏停止跳动，以便他们能够进行手术；随着时间的流逝，我越来越疲惫；好在当外科医生最后出来告诉我们手术非常顺利时，我感到了难以言喻的轻松。在过去时的另一个版本中，有一些特殊的细节和画面使这一经历变得独特：候诊室消了毒；麻醉师出来建议，在我们等待时可以去街角的一家很棒的三明治店——仿佛我们有心情吃东西似的！（不开玩笑，他真的这么说来着。）门一打开，出来的虽不是我们所希望看到的外科医生，但却是我们的一位密友，我们感到一阵安慰；手术后，当卡维在医院里逐渐恢复，我确信他不仅会好起来，而且会茁壮成长。我回忆过去的美好细节，反复重述这一经历，每次在叙述中这里增加一点细节，那里增加一点解释，越这样做我的感觉就越好。我喜欢坐下来，让自己沉浸在过去这段故事中。

过去时是缓慢的、叙述性的，让我们能够创造一个轻松愉快的故事来讲述。现在时是一条迂回的经验流，蜿蜓前行。但将来时是动态的，充满了动力，使我们朝着尚未发生但是想要的未来而不断努力。

失乐园

焦虑的必要条件是将来时。当我们焦虑时，"接下来会发生什么？"这个问题既包含积极方面，也包含消极方面。未来就像一个微弱的无线电信号，当我们调节频率按钮，试图找到正确的设置时，焦虑会促使我们调到自己想要的未来的频道上。事实上，人类神奇的大脑——我们的现实模拟器——进化不是为了跌跌撞撞地进入未来，而是为了想象未来，以便我们能够创造未来。

这就是为什么如果我们想坐下来放松，将来时可能不是最好的选择。我们将在第10章中看到，想放松，现在时最好用。但是，我们如果想把事情做完美，并把对我们很重要的事情提前计划好，就没有比将来时更好的选择——尽管应适度而为。这正是使得焦虑既具有保护性又具有高效性的原因，也使其成为推动人类成就和创造力的主要力量。在这一章的开头，我的儿子卡维问道："我们怎么能对同一件事既感到焦虑又充满希望呢？"我给他的答案是:"我们只有在关注的时候才会感到焦虑。而有太多的东西值得我们关注。"

讽刺的是,正如我们将在下一部分看到的,人类的一些最伟大的成就,如语言、哲学、宗教和科学,已经逐渐削弱了我们利用焦虑来追求自己所关心的事情的能力。我们目前对焦虑的看法几乎成功地将焦虑从优势变成了劣势。

第二部分
我们有关焦虑的看法是如何被误导的

第 4 章
焦虑为何成了一种病

如前文所述,焦虑不仅是一种情绪,而且是人的天性。焦虑根植于我们古老的防御性生理特性中,并与我们对人际关系深层次的需求有着内在的联系。焦虑使我们与其他动物不同。没有它,我们可能永远无法成为文明的缔造者,甚至无法作为一个物种生存下来。

但我们似乎已经浪费了与焦虑的关系。当在 21 世纪的今天审视自己时,我们发现我们甚至将最轻微的焦虑情绪都视为一种负担。我们如此害怕焦虑,以致我们会不惜一切去逃避或压制它。

我们将焦虑视为一种疾病。

焦虑从有利的情绪转变为有害的疾病并非一朝一夕。我们花了 1 000 年的时间才自欺地相信,焦虑这种进化的胜利,是一种疾病,导致我们走上疯狂和恐怖的扭曲道路。要讲述这个故事,我们必须从黑暗时代现代医学的根源说起。

中世纪的焦虑问题

在中世纪早期的西欧,罗马帝国正处于瓦解的后期,天主教会在人们的生活中占据了中心地位,从人们如何礼拜、吃什么、何时工作,到如何看待生命、死亡和来世,天主教会塑造了一切。

当时,"焦虑"的含义与今天完全不同。当时人们认为它是一种身体上的感觉,这种感觉从英语中"anxiety"("焦虑")一词的词源上可见一斑,最初来自原始印欧语的angh,译为"痛苦地收缩",后发展为拉丁语的angere,译为"窒息"。今天我们随意使用"焦虑"来描述任何痛苦或担忧的感觉,而在中世纪,关于焦虑的术语几乎从未出现在日常会话中——无论是拉丁语中的anxietas,英语中的anguish,法语中的anguisse,还是日耳曼语支和斯堪的纳维亚语支中的angst。

然而,教会改变了这一切,使焦虑成了精神生活的关键组成部分。"焦虑"成为描述灵魂遭受痛苦折磨的常用词,被罪恶所困,热切渴望救赎,害怕地狱的永恒折磨。这些都在但丁14世纪的史诗《神曲》[1]中得到了细腻的描述。

事实上,《神曲》的第一卷《地狱篇》开篇就唤起了主人公朝圣者但丁对来世的焦虑。他迷失在一片黑暗的树林中,开始了穿越九层地狱和炼狱,通往天堂的恐怖旅程。

> 人生半征程,
> 迷路陷密林。
> 歧路已远离,
> 正道难寻觅。
> 密林暗且阴,
> 浓密又荒僻,
> 言语难表述,
> 内心存余悸。
>
> (《神曲·地狱篇》[①],第一章,1—6)

[①] 肖天佑教授翻译的《神曲》(全译本)。2021年,商务印书馆,中国传统诗歌体(打油诗风格,后称"肖版")。

地狱的每一个同心圆[①]都是一个围绕着特定酷刑构建的城市，就像一个规划好的城市空间，但丁越往深处走，里面的灵魂罪孽越深重——从火湖和火沙到十字架，葬在露天坟墓里，浸在胆汁里。《地狱篇》用意大利方言写成，并配以惊世骇俗的插图，用日常语言描述了罪人在来世将遭受的永恒痛苦。随着来自地狱的恐怖和诅咒的威胁主宰着中世纪的思想，焦虑变得如影随形。它和诸如希望、信仰、良心、纯洁和救赎等其他关键的抽象概念一样，加入了主日布道的行列。

随着焦虑的意义变得更加精神化，它的治疗方法也发生了变化。此时，灵魂的治疗者，即天主教神父，规定并实施忏悔、苦修和祈祷等干预行为。正如圣奥古斯丁所教导的："只有当你在焦虑中依附上帝时，上帝才能解除你的烦恼。"

这种焦虑概念将其视为一种需要神灵救赎的精神状态，在整个罗马帝国盛行。该帝国横跨今天的48个国家，北至英国，南至整个欧洲大陆，一直延伸到亚洲和北非。然而不久后，另一种范式转变将推动焦虑继续演变。

---

① 在但丁的想象中，地狱位于耶路撒冷地下，形状像个漏斗，共分为九层（同心圆圈），越往下越小。

不管启蒙与否，焦虑如期而至

在17世纪，自由和个人主义的观念促使人们质疑旧的方式和权威。"敢于求知"是启蒙运动的座右铭。思想家和科学家蔑视教会的束缚，因此经常被烧死在火刑柱上。他们运用经验主义、科学观察和数学来解释自然界的奥秘，并取得新的技术成就。

这一时代最重要的书籍之一是《忧郁的解剖》(The Anatomy of Melancholy)，由大学学者兼图书管理员罗伯特·伯顿（Robert Burton）于1621年撰写[2]。尽管他将其作为一本医学教科书来介绍，但这本书对情感病理学的百科全书式的概述与科学、哲学和文学相结合。虽然书中引用了古代医学权威如希波克拉底和盖伦的名言，但也充满了经验观察、案例研究和对情感痛苦富有同情心的描述。抑郁症不仅限于抑郁，还包括焦虑和一系列身体不适、幻觉和妄想的症状。伯顿甚至把宗教忧郁症，即无宗教信仰者（"无神论者、享乐主义者和异教徒"）的体验也列入了他的名单中。

伯顿的目标是首先从病因和症状入手，然后就像对任何其他疾病一样，从治疗方法上对抑郁症进行解构和剖析。他的观察与我们现代对焦虑症的看法并没有太大区别，即焦虑症导致患者被担忧所困扰，因焦虑而生病，直到"可怕的恶魔"使他们变得"发红、苍白、颤抖、出汗，使身体忽冷忽热，心悸，晕厥等"。他形容人们变得"惊恐万分"。

伯顿不太可能成为"第一位系统的精神病学家"的候选人，正如法裔美国历史学家雅克·巴尔赞生前所说的那样。也许是由于抑郁症的发作，他在牛津大学接受的教育异常漫长。他长期而广泛的研究几乎囊括了他那个时代的所有科学，从心理学、生理学到天文学、神学和鬼神学——所有这些都为《忧郁的解剖》提供了素材。

在他的一生中，这本离奇复杂的书被加印了不下5次，被跨越几个世纪的杰出人物读过，包括本杰明·富兰克林、约翰·济慈（他说这是他最喜欢的书）、塞缪尔·泰勒·柯勒律治、欧·亨利、艺术家赛·托姆布雷和作家豪尔赫·路易斯·博尔赫斯。塞缪尔·贝克特和尼克·凯夫都对其赞不绝口。

《忧郁的解剖》是一部将焦虑转化为疾病的开创性著作。但17—18世纪的哲学变革将其进一步推进，将伯顿地狱般的"可怕的恶魔"[3]定位于思想而非灵魂，并认为非理性情绪只能通过理性思考来控制。毕竟，启蒙运动开启了理性的时代，人们对教会的信仰越发产生怀疑。

然而，新的后启蒙思想（能够思考、想象未来和构建现实）也是脆弱的，剥夺了中世纪信仰的确定性。焦虑出现在那些断层线上，在那里自由意志与随机命运的变迁和不可预测的激情碰撞。后人称之为存在性焦虑（existential angst）。

事实上，那些经历了这种范式转变的人往往以焦虑为代价。18世纪的英国是世界上最自由、最进步、最现代的社会。然而，焦虑和心理健康问题似乎也无处不在。在这个时期，自杀率急剧上升，以致自杀被称为"英国病"。正如法国作家夏多布里昂在18世纪末所写的那样，这个自由、不受约束的社会似乎已经"因焦虑和优柔寡断而变得病态"。

对西方世界的许多人来说，思想是自由的，但与神圣的灵魂分离的事实是不可否认的，也是令人无法忍受的。这时的人们需要新的、现代的灵魂治疗者。早期的心理学家和精神病学家响应了这一号召。他们进一步固化和决定了"焦虑是疾病"这个故事。

焦虑的医学化：从颅相学到"鼠人"

随着19世纪的到来，医学界非常关注当时被认为是大脑疾病的精神病的治疗。颅相学等伪科学理论利用头骨上的隆起分析来预测情绪和性格特征，引发了"体源论"与"心源论"之争。体源论认为精神疾病就像其他疾病一样，起源于大脑和身体（拉丁语中的soma）。心源论则反驳说，精神疾病必定源于心理状态和经历，如创伤。在19世纪后半叶，西格蒙德·弗洛伊德是最著名和最有影响力的心源论理论家——尽管他作为科班出身的医生，起初属于体源论阵营，认为焦虑和精神疾病是纯粹的生物现象。

无论焦虑的成因是心理还是生理，焦虑都是日益发展的用标准疗法和药物治疗精神疾病的运动的主要焦点。这是一种进步；在很久以前，焦虑的发作被认为是由"蒸汽"（the vapors）①引起的，用嗅盐甚至驱魔来治疗。

癔症是19世纪最常见的焦虑症诊断之一。"癔症"

---

① 在过去的西方，"蒸汽"是指一种精神、心理或身体状态，如癔症、躁狂、临床抑郁症、双相情感障碍、头晕、昏厥、潮红、戒断综合征、心境波动或经前期综合征。它主要针对女性，并被认为是由子宫的分泌物（蒸汽）引起的，与女性歇斯底里症的概念有关。"蒸汽"一词后来被用来描述抑郁或歇斯底里的神经状态（引自维基百科）。

（hysteria）一词源于希腊语单词"子宫"（uterus），被认为是女性的一种疾病，其原因是"游离的子宫"在身体各处随意移动，阻碍了"体液"的健康循环。由于过度情绪化和非理性的不安，一个歇斯底里的人会经历一系列奇怪的症状，如气短、昏厥、瘫痪、疼痛、耳聋和幻觉。尽管越来越多的医学知识证明子宫不可能游离，但是弗洛伊德和他的追随者还是经常对癔症进行治疗。然而，考虑到他们认为导致癔症的原因是被压抑的记忆和欲望，他们采用了相对科学严谨的方法（谈话疗法）来进行针对性治疗。

尽管针对癔症和其他形式焦虑的临床治疗越来越普遍和为人们所接受，但是心理学和精神病学的英语教科书直到20世纪30年代才使用anxiety这个词，而且是在弗洛伊德1926年出版的著作《抑制、症状与焦虑》在1936年被翻译成英文版《焦虑的问题》[4]之后。有趣的是，弗洛伊德和他说德语的同胞一样，使用了"焦虑"（Angst）这个词，这是他们从小就知道的一个词。然而后来，"焦虑"（anxiety）一词逐渐渗透到了讲英语的人的意识中。1947年，在经历了两次世界大战的灾难性损失和恐惧之后，奥登（W. H. Auden）在史诗《焦虑的时代》[5]中为他那个时代的苦难命名。

弗洛伊德以及后来的许多治疗师都认为，焦虑是一种常见的、主要的健康情绪。然而，随着弗洛伊德的精神疾病理论越来越依赖于创伤、压抑和神经症的作用，而所有这些都会引发焦虑，它成了精神病学研究的核心。没有焦虑，就几乎无从设想精神疾病。

以弗洛伊德最著名的案例研究之一"小汉斯"为例。这位病人的真名是赫伯特，他是弗洛伊德朋友的儿子，这个朋友是当时著名的音乐评论家马克斯·格拉夫（Max Graf）。当赫伯特还是个小孩的时候，他目睹了一匹马拉着一辆满载货物的马车在街上倒地而死。在那次创伤事件之后，这个5岁的孩子开始害怕马，他因为恐惧马而拒绝出门，还总觉得马会进来咬他，以此作为他希望马倒地死去的惩罚，这种想法使他备受折磨。

1909年，弗洛伊德在发表的论文《一个5岁男孩的恐惧症分析》[6]中报告了这个案例，他指出，这个男孩对马的恐惧并非直接源于他目睹马在街上倒下。相反，这是他把对父亲的恐惧转移到了动物身上，动物的眼罩让它们看起来像一个戴眼镜的人，而他的父亲就是戴着眼镜的。男孩不自觉地希望父亲离开或死去，因为他把父亲视为对母亲的爱的竞争者。这就是"俄狄浦斯情结"。这引起了赫伯特诸如害怕会被父亲阉割的焦虑，这种焦虑只能通过置换防御机制来解决，即他把对父亲的恐惧转移到了马身上。由于他对（他所爱的）父亲的敌意是自己无法忍受的，所以治疗试图帮助他将焦虑表达出来，以缓解焦虑，就像释放压力阀一样。当赫伯特能够描述他的幻想时，他对马的恐惧消失了，这表明他的阉割焦虑得到了解决，他对母亲的爱也得到了接受。

另一个著名的弗洛伊德患者被称为"鼠人"；他的强迫症在弗洛伊德1909年的论文《一例强迫型神经症个案》[7]中有过描述。这个病人多年来一直强迫性地担心他的亲戚或密友会遭遇不幸，只有他进行特定的强迫行为才能避免这些不幸。即使在他父亲去世后，他仍然担心父亲会受到伤害。鼠人的症状看起来很像我们今天所说的强迫症。

弗洛伊德使用了诸如自由联想等技术来还原被压抑的记忆，他认为这些记忆是导致强迫性焦虑的根源。一个关键的记忆来自他的军旅生涯，当时鼠人了解到一种酷刑的可怕细节，即把一个装满活老鼠的笼子罩在一个人的腹部，再把热木炭堆在笼子上，这些老鼠必须咬穿受害者的身体才能逃脱。这个画面一直困扰着可怜的鼠人，他担心他的亲友会受到这种折磨。他还相信，他如果能花钱请人帮他从邮局领取包裹，就能以某种方式避免这种可怕的命运。每次有人帮他完成这个工作，他都能神奇般地得到解脱，但如果没有人帮忙，他就会变得越来越焦虑。

弗洛伊德是如何理解鼠人的强迫思维的？他认为，这是源于一种完全不同的压抑焦虑——他对压抑的童年的恐惧，即如果鼠人的父亲发现他在童年时期与家庭女教师有过早期性经历，他的父亲会严厉惩罚他。当他对惩罚的恐惧一直被压抑时，他对父亲的敌意也被压抑到他的潜意识中。鼠人是如何处理这些被压抑的焦虑和敌意的呢？他将其替换成对离奇不幸的恐惧，那些不幸会杀死他的父亲，以及后来变成会杀光所有亲人。弗洛伊德花了11个月的时间才将所有这些来自黑暗的潜意识的焦虑带到了意识的光明中，据报道他做到了这些后，鼠人就被治愈了。

这些经典而独特的弗洛伊德案例研究表明，焦虑是精神分析理论的基础，在该领域发展的最初几十年里一直主导着心理学和精神病学。焦虑是精神疾病的关键因素。

这很危险。

然而，在焦虑达到其最终的顶峰，转化为一种疾病之前，它需要被医学化。《精神障碍诊断与统计手册》（*Diagnostic and Statistical Manual of Mental Disorders*，简称*DSM*）[8]实现了这一步。

*DSM*界定了心理健康和疾病的范畴。我们运用这一系统来诊断精神疾病，对不同类型的焦虑症进行分类，并将其与其他精神疾病（如重度抑郁症和精神病）区分开来。第一本*DSM*出版于20世纪50年代初，这本书经过了几十年的广泛修订，直到现在的第五版，已经在方方面面发生了改变。但是，一个总体的趋势决定了我们如何看待焦虑症。1980年，*DSM*从专注于焦虑的理论层面——将任何涉及焦虑的问题都称为焦虑性神经症（anxiety neurosis）——转向对焦虑相关疾病的不同类型进行分类和定义，并列出了诊断每一种疾病的标准清单。例如：

你是否对以下5种情况中的2种（或以上）有明显的恐惧或焦虑？

1. 乘坐公共交通工具，如汽车、公交车、火车、轮船或飞机。
2. 待在开放的地方，如停车场、市场或桥上。
3. 待在封闭的空间，如商店、剧院或电影院。
4. 排队或在人群中。
5. 独自在外。

如果你回答"是"，而且你刻意躲避并极度害怕这些情况，并且这种模式持续了6个月或更长时间，那么根据DSM，你患有广场恐惧症，这是一种对公共场所的恐惧。毫无疑问，从医学上来说确定你患有这种病，应当用特定的疗法和药物去治疗。

DSM主要在美国使用，并且已被临床医生、研究人员、监管机构、制药公司、法律专业人员、保险公司等广泛采用，它无处不在。这并不是说DSM不好或没有帮助。诊断一个正在造成巨大破坏的问题，也是一个造成人类痛苦的问题，是开发解决方案的有效方法。但是，DSM成功地使"焦虑是病"的说法变得如此完整和系统，以至它在今天的焦虑概念中占据首要地位。通过把焦虑医学化，我们认为焦虑已经变得可以理解和控制。我们已经忘记它并不总是一种疾病。

安全空间的危险

"焦虑是病"的说法的另一个后果是"安全空间"的概念。

在字面上或隐喻上,安全空间是指在不受偏见、冲突、批评或威胁的情况下,人们聚集在一起的地方。最早的一些安全空间可以追溯到20世纪60年代的女权主义者和同性恋活动人士,当时的安全空间是那些被边缘化的群体聚集在一起而不必担心偏见或嘲笑的地方。

如今,安全空间经常出现在大学校园里,但是最早的安全空间出现在二战后的美国企业界,它是由社会心理学之父库尔特·勒温(Kurt Lewin)创建的[9]。20世纪40年代,作为麻省理工学院群体动力学研究中心的主任,勒温是众所周知的小组互动方面的专家——正是因为勒温,我们才使用了"社会动力学"这个术语,并向同事们提供"反馈"。他也是"行动研究"的早期倡导者,该研究主张将理论付诸行动,以追求社会正义。1946年,他接到了康涅狄格州跨种族委员会主任的电话,希望找到有效的方法来消除宗教偏见和种族偏见。作为回应,他的早期讲习班,本来是为企业高管进行的领导力培训项目,也为我们今天所谓的敏感性训练奠定了基础。

受心理疗法启发,敏感性训练的核心假设是,在一个社会群体(比如工作场所)中,只有当人们在小群体中不带偏见、诚实地发表不同看法时,群体改变才会发生。为了创造这样的心理安全空间,参加敏感性训练的人员必须同意坦诚交流,保守秘密,不做评判。只有这样,他们才能讨论彼此的隐性偏见和无益的行为,并发现他们是如何削弱自己的领导能力、伤害他人和扰乱组织的。

敏感性训练的话题可以是任何事情,但鉴于它源于对宗教信仰和种族偏见的关注,这些偏见往往是讨论的焦点。安全空间的意义在于让人们自由地分享自己的真实想法和感受,而不用担心被谴责,同时也理解他们希望改变。因此,如果一名白人高管承认,她因为自己的非裔美国男性员工的种族而感到害怕,或一名非裔美国高管承认,他对一名亚裔美国同事感到愤怒,认为她从裙带关系中获益,而他却没有获益,他们分享这些想法时,不必担心自己会被污蔑为种族主义者。这样做的目的是给予和接受诚实的(有时是难以接受的)反馈,从而做出改变。

安全空间的概念本身在21世纪已经发生了根本性的变化。现在,今天的安全空间不可以有毫无顾忌的原始情感，因为这些空间旨在保护人们的感受——不受种族主义、性别歧视、偏见和仇恨言论的影响，也不受让人感到不适的观点、争论和冲突的影响。

我们中的一些人可能是在2015年《纽约时报》的一篇评论文章中第一次听说安全空间。在这篇文章中，朱迪斯·舒拉维茨描述了女权主义作家温迪·麦克罗伊和杰西卡·瓦伦蒂关于强奸文化概念进行辩论时发生的争议[10]，该活动是由布朗大学安排的。瓦伦蒂认为，美国的主流社会态度不幸地将性侵和性虐待视为正常且微不足道的事情，麦克罗伊则不认同这一观点。布朗大学的一些学生认为，麦克罗伊不应该被邀请发言，因为无论他们是否去现场观看辩论，麦克罗伊的观点都会对学生造成情感上的伤害，尤其是那些受害者，以及那些被她的观点困扰的人。

尽管阻止麦克罗伊参加辩论的努力没有成功，布朗大学的校长克里斯蒂娜·帕克森回应了学生们的担忧，她附加了一场关于强奸文化的演讲——没有辩论（环节），并创造了一个安全空间，以便被该话题刺激的人可以得到休息和恢复。安全空间里有舒缓的音乐、饼干、靠枕和毯子，还有准备提供情感支持的学生和工作人员。有些参加安全空间的学生因个人情感创伤而感到受威胁，而另一些人则因围绕演讲者之间的辩论所带来的痛苦而感到受威胁。正如一名逃到安全空间的学生告诉《纽约时报》记者的那样："我感觉受到了很多观点的轰炸，这些观点冲击了我多年的信念。"

值得注意的是，将不同意见等同于情感伤害，这与安全空间的初衷背道而驰。在敏感性训练中，安全空间包含一些艰难的对话，并通过自我克制、不作评判、坦诚和反馈来促成这些对话。人们会指出偏执和偏见而非回避它。这种对话可能会很艰难，尤其是人们实话实说的时候。相比之下，如今在安全空间中，对话中艰难的部分被视为是危险的，会造成痛苦和焦虑，因此被删除了。

在关于安全空间的探讨中，有两个主要方面。一方面，对大学校园中安全空间的需求，以及将相反的观点定性为有害情绪的做法，是否会阻碍学生成长发展，并损害言论自由。有些人认为，安全空间容易形成"回音室"，那里都是观点一致的人，阻隔了挑战或反对我们观点的人——这对自由交流思想的民主理想而言是一种障碍。

另一方面，某些情感上令人痛苦的想法是否确实会造成心理伤害。发布触发警告的做法与此相关。触发警告本质上是对作品包含可能令某些人不适的文字、图片或观点的内容警告，尤其是含性暴力和精神疾病的内容。多年来，这种警告一直是互联网社区的一部分，主要是为了那些创伤后应激障碍患者着想，他们可能想要避免任何让自己想起创伤的内容。

但这些警告因为近期在课堂上开始使用才"触发了"争论。一些学者担心，触发警告会教会学生避免不舒服的想法，从而削弱他们理性对待自己认为具有挑战性的想法、论点和观点的能力。然而，出于同样的原因，许多教授都是触发警告的坚定支持者。他们认为，这些警告为学生提供了一个机会，让他们做好准备，应对自己以往创伤的清晰记忆，或迎接一个可能令人痛苦的话题，这样他们就可以控制自己的反应从而继续学习。换句话说，这些教授认为，当一个学生陷于强烈的情绪或创伤所引发的回忆或惊恐发作时，便不能强求这个学生正常思考，更不用说学习了。

然而，迄今为止的证据表明，在管理痛苦情绪方面，触发警告并没有帮助，甚至可能造成一些伤害。2021年的一项研究向一组大学生和互联网用户在观看负面内容前提供了触发警告，并将这些参与者与未收到此类内容警告的人进行了比较[11]。不管他们是否收到过触发警告，也不管他们是否报告过创伤经历，两组人报告的负面情绪、侵入式思想和逃避式思维程度相似。2018年的一项研究[12]将含有各类可能令人不安的元素或内容的文学段落随机分配给数百名被试，一组被试在阅读前有触发警告，另一组没有。有触发警告组的被试报告焦虑程度增加的反而更多，尤其是当他们相信言语会对人造成伤害时。这表明，触发警告可能会在无意中削弱情绪韧性，并给一些人带来更大的痛苦。

设置触发警告，让自己远离特定想法——以及它们引起的焦虑——看来没有什么好处，甚至可能让事情变得更糟。如果预先警告并不意味着事先做好准备，那么对强烈情绪发出危险的警告可能只会让人们继续相信，不适或难受情绪会对人产生伤害。

焦虑的时代

从中世纪教会到理性时代，再到医学殿堂，我们已经被"焦虑是病"的故事彻底洗脑,以致这一论点已深入人心。

每个时代都在推进这个关于焦虑是病的故事,而不是将其视为一种正常的人类情感。各方都坚定地认为,焦虑和痛苦相伴而生。焦虑仍然是伯顿所说的"可怕的恶魔"。

如果你对此表示怀疑,请看看我们这些科学和健康专业人士是如何通过治疗、药物或冥想课程等方法,将控制和根除焦虑变成一种小型产业的。我们进行了数千项解构焦虑的严谨的实验研究,开发了黄金标准的循证疗法和药物来抑制这种情绪,并出版了成百上千本关于如何应对焦虑的自助书籍。然而,这些解决方案在很大程度上未能影响有问题的、令人衰弱的痛苦的发生概率。焦虑在加剧,尤其是我们的孩子可能面临风险。好消息是,一部分科学和健康人士正在质疑有关焦虑的说法。他们知道有些事情不对劲。

在一个阳光明媚的冬日,我在曼哈顿见到一群中学生时,亲身体会到了这一点。每年,公立学校的行政人员都会选出一个学生会,学生会继而确定并开展一项有望产生积极影响的任务。我曾被邀请与第二区学生会座谈,因为其选择的任务是倡导改善学校的心理健康服务。

我很快就了解到，这些12—14岁的孩子格外有野心。他们把自己分成3个工作小组，每个小组都有一个具体的目标：第一组专注于说服立法者资助同伴互助咨询服务，第二组专注于从市议会获得资金，为他们的学校聘请更多的心理咨询师，第三组则致力于让州代表提出法律草案，要求为全州的学校提供更多的心理健康资金。

为什么他们选择了如此雄心勃勃的目标？他们告诉我说，因为他们观察了周围只比自己大几岁的高中生，看到了他们有多挣扎——大多数人因焦虑而烦恼，也有很多人既焦虑又有抑郁、成瘾和自残的问题。为这些学生获取能够提供帮助的资源是他们最关心的问题之一，但现在在初中阶段，在问题真正发酵之前，取得成年人和专业人士的支持也是他们最关心的问题。

然而，成年人并没有像他们所希望的那样提供帮助。孩子们已经收到了许多说"不"的反馈——不，我们没有那个预算；不，这进展太快了；不，这是不可能的。更复杂的是，即使是最有善意的成年人似乎也没有答案。当他们看到孩子们与焦虑斗争时，他们就会惊慌失措，表现得好像他们想要像消除痛苦一样消除焦虑的迹象，把焦虑当成蛀牙一样拔掉。然而这并没有用。

一名学生指出了这种困境，她说："那些真正努力帮助我们的成年人也不知道该怎么做。他们表现得好像可以消除我们的焦虑。但焦虑是我们内在的一部分，他们有能力带走吗？他们应该带走吗？"

除非我们对这两个问题的回答都是否定的，否则我们就会持续陷入对焦虑的错误认知，并犯下不断试图摆脱焦虑的可怕错误。

第5章
惬意的麻木

"我们生活在恐慌之中，焦虑笼罩着未来，我们读每一份报纸前都有可能预期会看见一些新的灾难。"

还有什么能更好地描述我们在21世纪头几十年的感受呢？这是一个全球性流行病肆虐、虚假信息泛滥、政治动荡、经济不平等以及被不可逆转的环境破坏威胁的时代。

但这是亚伯拉罕·林肯在美国内战时期曾说过的话，内战时期也是美国历史上另一段混乱而具有破坏性的时期。

过去和现在一样，焦虑这个词都是用来解释恐惧和不确定性给我们带来的痛苦。1947年，当时数百万人因痛苦而挣扎，奥登因此写了《焦虑的时代》[1]，这个描述直到今天仍不过时。

也许这是因为我们中的许多人不能再利用信仰、社区纽带、制度的支持等传统的确定性堡垒来应对我们的焦虑。但是，我们又必须应对好焦虑情绪，因此我们求助于我们仍然相信的权威、现代世界的"大祭司"：科学家和医生。他们中的大多数人都被最值得称赞的目标（减轻痛苦）所驱使，但当涉及研究焦虑时，他们却让我们失望了。令人吃惊的是，像我们所有人一样，医学专家已经开始相信"焦虑是病"的故事，并将其提高到一个新的层次，设计出万无一失的方法来帮助人们摆脱担忧和焦虑，却又只暂时有效。

这一"成就"在很大程度上要归功于现代药物的奇迹，它确实抑制甚至是消除了焦虑情绪。这些药物让我们平和而镇静。在过去的60多年里，它们在我们与焦虑的关系中处于中心位置。即便是在争议和辩论的阴影下，药物的普遍存在已经塑造了一种社会心态，即当我们有情感上的痛苦时，就吃药来缓解它。我们甚至已经开始相信，对抗焦虑的最好办法就是沉浸在惬意的麻木之中。

化学镇静剂的由来

在20世纪上半叶，作为镇静催眠药和镇静剂的巴比妥酸盐类药物是抑制焦虑的首选。然而，如果服用大剂量的巴比妥酸盐类药物，会使人失去知觉，并抑制呼吸和其他维持生命的功能活动。人们也会很容易形成药物依赖，因此，它们如今主要用于可控环境中，例如，在外科手术中用于全身麻醉。在20世纪五六十年代，医生通常给病人服用巴比妥酸盐类药物以治疗焦虑、情绪困扰和睡眠问题。随着处方量的增加，药物过量导致的意外和自杀数量也随之增加。美国女演员玛丽莲·梦露和朱迪·嘉兰都是死于过量服用该类药物。不幸的是，医生几乎没有安全的方法来减轻患者的情感痛苦。

化学家里奥·施特恩巴赫（Leo Sternbach）改变了这一切[2]。20世纪50年代，他领导了一个研究小组，为罗氏制药公司寻找一种不那么致命的镇静剂。过去多年仍未成功，公司要求他们停止工作。施特恩巴赫表现出了反对态度，并拒绝清理他的实验室，整整两年他的实验室无人问津。一位被派去清理实验室的同事在施特恩巴赫杂乱的实验室中发现了一种"晶莹剔透"的化合物。后来被证实是氯氮，实验显示它具有不抑制呼吸的强大镇静作用。1960年，罗氏公司开始将它命名为利眠宁并推向市场，在接下来的数年里不断改进并于1963年生产出地西泮，又名安定（Valium），以拉丁语valere（强壮）命名。

这两种药物都取得了巨大成功，到了1970年基本取代了传统的镇静剂和镇静药。医疗专家兴奋不已；苯二氮䓬类药物比巴比妥类药物危险性和成瘾性更低。它们能减轻病人的痛苦且没有风险和副作用。到20世纪70年代中后期，苯二氮䓬类药物位居"最常使用处方"名单榜首[3]，全球每年消耗400亿剂。安定非常受欢迎，以至医生们简称它为"V"。苯二氮䓬类药物的处方量在1978年和1979年达到顶峰，美国人在这两年中每年消耗23亿片安定[4]。"安定"一词被写入词典，并推动了整个化学应对焦虑（阿片类药物滥用和成瘾之前的阶段）的文化，滚石乐队称它为"妈妈的小帮手"，以"度过她忙碌的一天"；公司的"空中飞人"称它为"高管使用的埃克塞德林①"，因为它缓解了频繁跨时区旅行的压力。其他制药公司纷纷效仿，开发并申请了自己的苯二氮䓬类药物专利。苯二氮䓬类药物的种类也一直在持续增长，所以如今几乎有35种不同版本被批准在美国国内外使用。

---

① 一种止痛药。——编者注

15年来，在研究人员了解苯二氮䓬类药物的工作机制之前，制药公司就已经向市场投放了大量苯二氮䓬类药物，尽管事后结果表明苯二氮䓬类药物改变了大脑中主要的抑制性神经递质——γ-氨基丁酸（GABA）。随着对此类药物认识的提高，临床医生的热情被谨慎所取代，因为他们在20世纪八九十年代目睹了许多关于药物依赖、药物过量和潜在滥用药物的例子。罗氏公司注意到，另一种施特恩巴赫发现的化学分子，非常有效的安眠药氟硝西泮，已经被广泛称为"罗眠乐药片"，即一种约会迷奸药。罗氏公司不得不改变配方，使它不容易溶解并将液体变为蓝色，警示可能的受害者。

卫生保健专业人员们开始意识到，尽管安定、劳拉西泮和阿普唑仑等药物可能比巴比妥类药物更安全，但它们也不是完全无害的。它们的危险性是由几个因素造成的。其一，苯二氮䓬类药物是神经系统抑制剂。尽管它们不像巴比妥类药物那样容易抑制呼吸和导致意识丧失，但它们确实显著减缓了这些功能，同时也抑制了人的更高水平的决策制定和运动控制功能。此外，随着用量的增加，心理上瘾和生理上瘾开始出现。人们可能会发现自己需要服用越来越多的药物来达到与之前同样的效果，并开始在开车时犯困、口齿不清、记忆力减退、变得糊涂。更糟糕的是，当与阿片类药物或酒精等其他药物共同使用时，协同作用的危险可以引发心脏急症、昏迷，甚至死亡。其二，是它们潜在的心理成瘾性，在它们的影响下，人们感到很平静，情感痛苦得以缓解。人们很少有这种内在奖赏的经历，这促使他们服用更多的药物，以得到更多的情感缓解，这种吸引力是很强的。

苯二氮䓬类药物曾被认为是拯救生命、减轻痛苦的神药，但在当代精神类药物中，它已不再是疗效好、副作用少的药。尽管如此，它却从未退出历史舞台。

2002—2015年，苯二氮䓬类药物过量致死人数翻了两番，这一趋势是由处方数量增长了67%[5]造成的。像阿普唑仑这样的药物如今已形成了一个数十亿美元的产业，2020年仅在美国的销售额就达到38亿美元。短暂使用苯二氮䓬类药物结合治疗来控制焦虑症是一种黄金标准的治疗方案，但大多数情况下事实并非如此。65岁以上的美国成年人中，30%超量服用苯二氮䓬类药物，而在年轻人中也有大约20%如此。因为不像如抗抑郁药等其他药物需要持续服用一个月或更长的时间才能见效，苯二氮䓬类药物的镇静效果可以单次产生，所以服用一片苯二氮䓬类药物来"缓解压力"已成为一种生活方式。服用苯二氮䓬类药物时间越长,我们就越有可能对它们产生心理和生理上的依赖,而且越难戒掉它们。当脱离这些药物时,生理戒断反应与焦虑和紧张的复发都很常见,这促使许多人又重新开始服用它们。

尽管越来越多的人意识到服用这些药物会形成药物依赖及潜在风险,但人们很容易忽视成瘾的危险和警告信号。我们拿着处方或(自以为)只有在"需要"时才服用,因而认为这不算滥用。

为了了解苯二氮䓬类药物的潜在危险,我们应该考虑到另一种止痛药——阿片类药物的广泛使用。苯二氮䓬类药物和阿片类药物往往同时使用,前者用于治疗情绪困扰,后者适用于其他一切。医生并没有同时开这两类药物,他们其实会主动提醒病人不要同时服用它们,因为它们有协同效应的危险,会增加药物过量致死的风险。美国国家药物滥用研究所2019年报告称,与药物过量致死有关的处方药中苯二氮䓬类药物排名第三[6],第一和第二分别是阿片类药物羟考酮和氢可酮。

服用疼痛缓解类药物成了药物滥用致死的头号因素,我们是如何走到这一步的?

减轻痛苦的生意

如果我们需要更多的证据来证明全社会对消除所有生理、情绪和心理的痛苦有多渴望,我们仅需要看看阿片类药物危机就可以了。在追求缓解不适的过程中,数百万人最终遭受了超乎想象的痛苦。

阿片类药物通过附着在人类细胞的受体上来释放信号,有效地抑制人们对疼痛的感知,增强人们的愉悦感。自20世纪初以来,它们一直受到美国食品药品监督管理局的监管,用于治疗急性疼痛和癌症疼痛。但是,因为公认的易滥用性和成瘾性,医生们早已提醒公众谨慎使用,可如今21世纪,这类药物却成了一场致命流行病的成因。

在处方止痛药危机最严重的时候,美国有充足的药片[7],每两人就能有一片,相当于在20世纪90年代末处方热潮开始前公共卫生官员认为的正常的阿片类药物使用量的2倍。用更具体的数字来说,拥有世界人口5%的美国消耗了世界上80%的处方阿片类药物。1999—2019年,美国有近24.7万人死于过量服用处方阿片类药物。仅2019年,就有超过1.4万人死亡,平均每天有38人死亡,其中一半以上是青少年。

这些是前所未有的数字。1999—2019年，仅涉及处方阿片类药物的死亡人数[8]是原来的4倍。受害者们似乎不符合我们对死于药物滥用的"那种人"的集体印象。阿片类药物杀死了我们的父母亲、兄弟姐妹和孩子们。它们杀死了我们熟知的那些名人：演员希斯·莱杰（2008年）、歌手迈克尔·杰克逊（2009年）和歌手普林斯（2016年）。在2017年，美国卫生与公众服务部宣布，阿片类药物（包括处方止痛药和海洛因）滥用是一项公共卫生紧急事件。

阿片类药物怎么突然如此广泛地被滥用了呢？原因很简单：制药产业。普渡制药是阿片类药物处方中最常用的奥施康定的制造商，这家公司几乎一手策划了阿片类药物危机。该公司不仅贿赂医生开这种药，用免费旅行和有偿演讲活动来吸引他们，还谎称其药物"缓释"配方滥用可能性很低——尽管事实是科学证据支持了与之相反的结论。医生们睁一只眼闭一只眼，继续开处方。普渡制药完全意识到了奥施康定经常被滥用，包括"一些人把药片压碎后从鼻腔吸入、药品从药店被盗，甚至一些医生被指控出售处方"，《纽约时报》记者巴里·梅尔报道称[9]。然而，该公司继续甚至加速了上述做法。法律诉讼阻止了普渡制药和拥有并控制该公司的萨克勒（Sackler）家族不断的掠夺行为。但是，数十亿美元的罚款并不能消除他们所造成的危害。

正如苯二氮䓬类药物的广泛使用和危险性一样，阿片类药物危机直接反映了治疗情绪和生理痛苦的药物是如何不断地强加于我们身上，以及我们是如何乐于接受它们提供的解决方案的。从很多方面来说，阿片类药物危机是我们几十年来拒绝所有痛苦经历的一个典范。然而，当涉及苯二氮䓬类药物成瘾和死亡人数激增时，没有一家不良制药大公司在掌舵。事情看上去并没有那么严重。但阿片类药物做完的事情实际上给苯二氮䓬类药物开了个头，即提供化学镇静。虽然医生的目标是减轻患者痛苦，但他们忘记了，或者从来不知道——焦虑并不是那种应该被根除的不适感。如果要安全地缓解和充分利用焦虑，就应该而且必须适应和解决它。

"我觉得自己像个超人"

几个世纪的历史似乎在告诉人们一个事实——焦虑是一种疾病。美国几十年来的医疗保健系统也似乎努力让我们认为,当我们身体或精神痛苦时,就应该服用药片。要理解这对我们的未来意味着什么,我们必须将目光转向未来的新生代——青少年。

每一年都有18%的青少年会在退缩性焦虑中挣扎[10]。在美国,这相当于大约4 000万的孩子。他们很清楚自己的挣扎,皮尤研究中心在2019年2月发布的一份报告中显示[11],96%的受调查青少年认为,在同龄人中,焦虑和抑郁是一个重要问题,70%的青少年表示这是一个重大问题。数千万人在自己18岁生日之前被诊断出焦虑症,这些人也可能在成年后继续遭受焦虑、抑郁、成瘾和医疗问题带来的折磨。青少年焦虑是通向现在和未来社会的健康大门——无论这个社会是和谐的还是病态的。

显然,有些事情已经发生了改变,我们中的许多人,无论是不是青少年的父母,都相信我们不能再忽视这些迹象了。与此同时,我们通过讲述这些孩子遭遇的故事,用"'Z世代'和'千禧一代'都存在情感缺陷、娇生惯养、懒惰和屏幕上瘾的问题"描述他们,使问题变得更加复杂。但诋毁他们只是一种掩盖我们的恐惧的方式,我们担心未来的公民和领导人本质上就没有能力应对我们将转交给他们的世界。我们还担心,孩子们的焦虑会阻碍他们在竞争日益激烈的世界中取得成功。许多人认为，美国的精英制度——努力工作以达到成功巅峰的狂热梦想，正一去不复返。来自曼哈顿一所天才高中的一名学生是这样说的："一旦我们的成绩下滑，或者我们开始对考试感到紧张，大人们就会让我们去咨询室。我觉得我们焦虑的时候也会让他们焦虑，他们害怕我们会把事搞砸。"

孩子们已经接收到了这样的信息：以两倍速把焦虑藏起来。还有什么比化学控制更好的选择吗？

事实上，那些压力过大的郊区家庭主妇们偷偷吞下安定（可能还会来一杯马提尼酒）来度过一天的事已经不新鲜了，这样的事已经被那些因压力过大而从学校储物柜里拿出并大口吞下安定和阿普唑仑的青少年所取代。对考试感到焦虑吗？吃点阿普唑仑（一种镇静剂）就行了。急于用药物来麻痹我们的感情已经使这个世界变得更加危险，尤其是对年轻人来说。

你可以在一个不太寻常的地方找到这种趋势的证据。2019年，美国面向年轻人的时尚生活类网站Complex发表了一篇名为《酒吧：阿普唑仑和嘻哈的成瘾关系》[12]的调查文章，彻底推翻了关于苯二氮䓬危机的受害者的假设。视频中讲述了一些音乐家和他们的朋友为了缓解焦虑而依赖于阿普唑仑和其他苯二氮䓬类药物的故事。正如其中一个人说的:"我觉得自己像是超人。我通常会感到焦虑,但当你用药时,你会觉得没有人能阻止你。"这种药物变得非常普遍,以至在2010年代中期,一名说唱歌手用他所选择的药物作了艺名:"Lil Xan",与阿普唑仑(Xanax)紧密相关。

18岁的贾拉德·安东尼·希金斯,艺名为"朱斯·沃尔德",不是黑帮说唱歌手。他很脆弱且毫不掩饰自己的情感表达。在他的歌曲《正义》中,朱斯·沃尔德在几秒内就从描述他穿着白色古驰西装的强大感觉变成他如何"右手拿着五六片药,是的/可待因填满了我的床头柜"来自我治疗,以应对"我的焦虑像一个星球那么大"。然而这种治疗方法并不奏效,因为正如他在另一首关于用药物消除情感痛苦的歌曲《坏能量》中所解释的那样,"无法解释这种感觉/有点感觉我输了/即使我赢了"。

悲剧的是他确实输了。在2019年年底,朱斯·沃尔德和其他几位知名的情绪化说唱歌手,包括利尔·皮普,都死于过量服用苯二氮䓬类药物和止痛药,年仅21岁。

百老汇莱塞姆剧院的灯光昏暗下来,帷幕升起时,演员威尔·罗兰扮演着尴尬而又极度焦虑的少年杰里米·赫里，唱着《不仅是生存》的开场歌词，这首歌是关于焦虑地凝视着高中又一个悲惨的日子，台下一半的观众知道这首歌的每一个字："如果不害怕（不觉得奇怪），反而就不对了（我的生活就会混乱，因为害怕是我的常态。）"那是2019年，是音乐剧《丸酷进化》的开场曲。

故事围绕着杰里米展开，他是一个焦虑的、神经质的、不合群的书呆子，有人给了他一种名为斯奎普（Squip）① 的量子高科技"药丸"，它能令他的大脑"更冷静"，使他可以和受欢迎的孩子们打成一片。你不需要多想，斯奎普就是阿普唑仑的电子化版本。

斯奎普"帮助"杰里米对抗焦虑，通过确切地指示他应该做什么来赢得朋友和影响他人。只有杰里米才能看到它，而它又以杰里米理想中的很酷的形象出现——基努·里维斯在《黑客帝国》中所扮演的角色。戏剧性很快随之而来。服用斯奎普以变得更冷静的人的数量呈指数式增长，他们每个人最终会变成僵尸/入侵人体的掠夺者，甚至更糟——可能很快就会出现"故障"并进入昏迷状态。杰里米认识到，人们会做任何事情甚至冒着生命危

---

① Squip 是音乐剧中虚构的角色，全称 Super Quantum Unit Intel Processor（超级量子情报处理单元），剧中杰里米因饮下激浪饮料而在脑中启动了 Squip。

险，以消除他们的焦虑。

  这部独特的音乐剧是如何赢得这么多粉丝的喜爱的？我相信，是因为它为年轻人的生活提供了一面独特和诚实的镜子，让他们可以选择前进的道路：你将拿到消除焦虑的斯奎普，但你不必把它吃下。你可以感到不安，甚至会崩溃，但你最终仍然会没事。

  为什么我们不能把同样的信息传递给孩子们呢？因为我们被带入了消除焦虑和惬意的麻木就是最好的或许也是唯一的解决方法的叙事中。这不仅仅是通过药物。我们和我们的孩子已经被用来逃避焦虑和不舒服感觉的最强大的工具之一吞噬了。它就在我们的指尖，在我们的掌心。

第6章
归咎于机器吗

焦虑和数字科技间似乎有着密不可分的联系。尽管我们通常认为使用屏幕和社交媒体的时间过长会导致焦虑，但现代生活中这些无处不在的联系要复杂得多。

一方面，电子设备使我们得以脱离焦虑和担忧：在几秒钟之内，我们就可以在各种选择中寻求庇护，比如玩一个分散注意力的游戏，给父亲打一个电话，买一根新的浇花用的水管，看最喜欢的电视节目，或者完成一些工作。另一方面，研究表明，当我们沉迷于屏幕时，我们通常会比原先感到更焦虑、孤独和疲惫。尤其是当我们感到被迫听从手机的铃声、提示声和通知声去查看社交媒体动态时，当我们一醒来就拿起床边的手机时，这就像吸烟者拿起香烟一样。即使是在最短暂的安静、无聊或痛苦的时刻，我们也会有一种冲动，想要浏览无穷无尽的滚动信息。

这就是为什么我们现在认为手机会让人上瘾。然而，不同于药物的是，电子设备并不一定会引发成瘾的特征：比如耐药性，也就是我们需要服用更多的药物来获得与之前相同的效果；戒断症状，也就是当我们停止服用药物时，会出现痛苦的身体症状。先不谈用成瘾来打比方是否准确，数字科技与苯二氮䓬类药物有很多共同点，我们用它们来逃避当下的痛苦，但如果我们沉迷于它们，我们最终会感觉更糟。就像产生化学镇静的药物一样，电子设备会使我们无法找到应对焦虑的有效方法。原理如下：首先，这些设备给我们一种至少是暂时且诱人的逃避焦虑的方式；然后，通过刻意设计，鼓励我们不停回到设备上，即使逃避不再起作用。

终极逃避机器

当我们焦虑时，我们会被那些能让自己不愉快的感觉变迟钝的经历吸引。还有什么能比电子设备更直接、更容易地实现这个目标呢？我们用这些小巧的逃避机器，把它们放在口袋和小包里，无论走到哪里，都将它们握在手里。它们将我们从当前的感受中抽离，引我们到别的地方。这不全是坏事。但是，当我们习惯性地回避焦虑情绪时，回避悖论就会产生，我们的焦虑很可能会增加。

但并不是使用所有数字科技产品都会产生相同的结果，数字科技是否会加剧我们的焦虑取决于我们如何使用它们。

以社交媒体为例，这是我们数字生活中研究得最充分的方面。我们可以用两种方法来使用社交媒体：主动的和被动的。主动积极使用是有目的地分享"内容"——从与朋友发短信，或在推特上与网友争吵，到与家人分享照片，再或是给你的63个粉丝发布自己用尤克里里演奏的最新视频。被动使用则缺乏创造性。被动使用时，我们不需要分享自己的个性或才能，不需要表达思想或感受，不需要执着于某种信念。我们只是浏览网页和社交媒体，或转发他人的内容来随意打发时间。这似乎是无害的，最多也只是浪费时间而已。又或者，这就像吃薯片一样——无须动脑，毫不费力，但在不知不觉中，你已经吃掉了一整袋，只剩下肚子疼了。

但我们使用社交媒体的方式会有什么不一样的影响吗？

10年的研究已经找到了一些答案。结论也不简单。

一项针对超过一万多名冰岛青少年的大规模调查[1]揭示了一些可能有意义的结果。研究人员要求参与者报告他们一周内使用社交媒体的所有主动和被动方式，以及焦虑症和抑郁症的症状。结果发现，当这些青少年花更多的时间被动地使用社交媒体时，他们会变得更加焦虑和抑郁，即使他们感受到有他人的社交支持和具有较强自尊感时也是如此。相反，当这些青少年花更多的时间积极地使用社交媒体时，他们较少感受到焦虑和抑郁。他们在社交媒体上花多长时间并不重要，重要的是他们在上面做了什么。

尽管这项研究涉及的人数相当多，而且它的主要发现至少被重现了十几次，但它仍然只是相关性研究。换句话说，我们仍然不知道使用社交媒体是否会导致焦虑或抑郁。事实很可能恰恰相反：更焦虑或抑郁的人更有可能被动地使用社交媒体，因为这样做不费力或更放松。又或者研究人员没有考量到的一些其他因素，比如创伤、家庭环境、基因可能会导致焦虑的增加。如此一来，我们是否更接近于知道谁是因，谁是果了呢？

2010年，密苏里大学和哥伦比亚大学的研究人员[2]想要迈出解决这个问题的第一步。大学生们来到实验室，并被要求做一些他们熟悉的事情：像平常一样使用脸书。直到后来，他们才被告知，研究人员已经将他们使用脸书时的一举一动都制成了表格——具体来说，就是将他们被动地浏览网页、主动寻找信息和与朋友交流的时间制成了表格。与此同时，研究人员记录了参与者的积极和消极情绪。但研究人员并没有直接询问参与者的感受，而是使用了一种防止偏见的方法来测量：面部肌电图，即与微笑（眼轮匝肌）或皱眉（皱眉肌）相关肌肉的电活动强度图。

被动和主动地使用社交媒体都不会增加皱眉的频次，皱眉动作意味着可能的消极情绪。但是被动使用直接减少了微笑的次数，这表明被动使用并不能使我们更快乐。当然，不常微笑并不能自动与更严重的焦虑或抑郁画等号，但在现阶段的科学研究中，这项研究是少数几个表明社交媒体使用的不同方式会导致（能客观测出的）人的反应不同的研究之一。这也让我们知道还有很多问题处于未知状态。

让我们暂且假设这项研究是正确的。如果被动使用数字科技确实会抑制积极的情感，那我们为什么还要继续这样做呢？

情感老虎机

有时候，数字科技看起来如此完美，如此省力，以至我们认为它们这样设计是必然的。但是巧妙的设计可以蒙蔽我们，让我们忘记我们使用这些技术的方式并不是必然的。

设备、网站和社交媒体平台受精心设计并不断改进，旨在让我们一直盯着这些屏幕，引诱我们打开一个又一个应用程序。什么原理呢？它们设计得就像布满老虎机的赌场。

无限浏览就是一个完美的例子。当我们向上滑动屏幕时，信息会不断弹出，因此我们不需要停止、点击或等待下一页的信息加载。这种不停顿让我们更少停下来思考"这是我现在想做的吗？"我们进入了自动模式，做着当下感觉良好的事情。确实，研究表明[3]，反复滑动屏幕的简单行为可以暂时安抚我们，让我们感觉良好，甚至可能暂时减少生理压力，这都可以通过皮肤电传导或皮肤表面下血液流动的微妙变化进行测量。

赌场的设计也是基于同样的自动化原则。例如，赌场的过道没有直角，只有平缓蜿蜒的曲线，因此更容易从一个游戏转到另一个游戏，让我们玩游戏和获胜的冲动推动着我们前进，无须停顿。就像赌场的过道一样，无限浏览促使我们的注意力不断移动，手指快乐地滑动，直到我们达到预设的目标，也是一种碰运气的游戏。

我们的设备，以及我们通过这些设备做的许多事情，都被设计得像小老虎机。这是因为，就像老虎机和所有其他类型的赌博一样，它们提供着间歇性的、不可预测的奖励。得到的时候感觉很好，让人想不停地获得这些奖赏，从而促进和强化赌博行为。人们沉迷于老虎机，是因为他们永远不知道什么时候会中头奖（即三个樱桃排成一行的图案带来的奖励），所以他们不断尝试。同样地，为了让人们继续拿起设备，点击、滚动、购买和发布内容，你需要时不时地，随机用"点赞"、新闻、剧集或刺激内容来奖励他们。

智能手机让我们爱不释手，因为我们永远不知道什么时候会得到连成一排的三个樱桃，无论是来自朋友的信息、我们一直在等待的消息，抑或一个可爱猫的表情包。

相反，阴暗刷屏（指在社交网络上频繁浏览负面信息）的概念是赌场般无障碍的无限浏览和老虎机式强化的"完美"结合。阴暗刷屏是我们在焦虑时可能都会做的事情——痴迷于不停刷坏消息,即使这些内容使我们感到焦虑。尽管阴暗刷屏的现象在新冠肺炎疫情之前已经存在(只是不这么叫而已),但在居家隔离期间,这个短语的使用量迅速飙升,连韦氏在线词典都将它添加到"我们正在关注的词汇"名单中。不难想象,我们花了多少时间盯着屏幕,阅读有关病毒、党派政治、种族歧视、失业率的每一条新闻,任何消极或悲伤的事情,我们都可以阴暗刷屏。

但是在这个过程中,当我们阴暗刷屏时,可能会得到一些奖励,比如来自朋友的一条温暖信息,在当前事件的阴霾中看到的一条令人高兴的信息。这足以让我们继续追寻更好的感觉。

然而,阴暗刷屏实际上是一种应对焦虑的方式;我们通过收集越来越多的信息,即使是不好的信息,以希望减少自己的不确定感。在正常情况下,这是一个很好的策略,但不巧的是,数字世界并不完全是那么"正常的",它优先考虑负面信息而不是正面信息,不同的人因为看到不同的信息,形成了不同的观念,然后每个人只在自己的闭环泡泡里去找自己愿意接受的消息,导致不同泡泡里的人无法交流,使大家被两极分化。

阴暗刷屏并不是我们使用科技来缓解焦虑的唯一一种盲目的方式。反复点击一块饼干的卡通图像和推动一个彩色球通过类似的彩色障碍之间有什么共同之处？它们都是极其受欢迎的超休闲游戏：饼干点点乐和色彩转换游戏。超休闲游戏顾名思义是有趣、简单、重复和吸引人的。其中一些游戏具有挑战性，但很多游戏的机制十分简单，不需要太多注意力，所以人们在玩游戏的时候大多同时在做其他事情，比如看电视或吃东西。与超休闲游戏的玩家交谈，他们会告诉你，他们玩游戏是为了缓解压力和焦虑，在经历漫长的一天之后放松自己，从烦恼中转移注意力。许多人借助它们才得以入睡。

一些科学家[4]已经对超休闲游戏成为焦虑的干预手段进行了研究，他们认为这些小游戏通过每一个流畅、放松、重复的动作触发心流状态来安抚人们。就像无限浏览一样，它们似乎能让我们进入一种更平静、自动无意识的状态。从长远来看这是否有益，科学界对此还没有定论，但如果我们滑动屏幕是为了避免面对焦虑的情绪，事实可能并非如此。但"滑动有益"的观点似乎与早期的研究结果一致，即简单地浏览社交媒体动态[5]可以短暂地减轻生理压力。在2021年，这些小游戏成了大生意，数百万人都在玩它们，通常一玩就几个小时。

毫无疑问，我们长期以来一直在使用娱乐技术来放松身心，电视和收音机就是典型的例子，因为它们吸引我们的注意力，减轻我们的烦恼。电视被称为"电视呆子"并不是没有道理的。但新情况是，地球上最强大的科技公司现在希望我们时刻关注我们的移动设备，这样他们就可以收集这个世界上大量的最有价值的数字信息：我们的"个人数据"，即我们相信什么、我们需要什么、我们去哪里，以及我们做什么。这就是为什么数字科技设计得像赌场，让人难以自拔。这是聪明人的生意。

这些激进的、前所未有的将注意力商品化的努力与焦虑有关，因为它们只有在我们的眼球锁定在屏幕上时才会起作用。当我们的眼睛和大脑被困在那里时，便可能失去从一个最好的应对焦虑的方法中获益的机会，即我们现实生活中的社会关系。

屏幕世界中的社交大脑

马内什·朱内贾[6]是一位数字健康的未来主义者；他想象着新兴科技如何让世界变得更幸福、更健康。这听起来是个不错的工作。但在经历了他深爱的姐姐在2012年意外去世的痛苦后，他意识到一个令人惊讶的现实：只有面对面的人际交往才能帮助他应对悲伤。确实，尽管他的生活被数字科技包围，但他并不能求助于数字科技来帮他应对失去亲人的痛苦。一次虚拟现实的后院烧烤让他感觉与外界脱节，情绪比以前更糟。相较而言，去当地杂货店的人工收银台结账，比去更快捷的自助结账区排队，更能让他开心。早在Zoom（一款视频会议软件）渗透到我们的生活之前，朱内贾就意识到，尽管依靠技术手段的联系是非常有价值的，但其他人（真实而非虚拟）的存在有种说不出的治愈特性——接触、眼神交流和声音，是独一无二的治愈方法。

更具讽刺意味的是，所谓社交媒体，反而阻碍了我们与他人的社交，几乎是彻底的事与愿违，社交媒体常常阻碍我们利用其他人的真实存在来缓解我们的焦虑和痛苦。我们已经知道强大的社会支持可以使我们更健康，而孤独和孤立会缩短我们的预期寿命。为什么呢？一种方式是，有压力时，来自亲近之人的支持会改变我们的生理机能。我们在第2章看到的手牵手神经成像研究表明[7]，亲近之人的存在确实给了我们更多的脑力来应对威胁。当我们不能牵手的时候,这种好处能通过科技进行传递吗? 2012年,威斯康星大学麦迪逊分校的研究人员[8]也对此感到好奇。

当我们从面对面的社会支持中受益时,压力激素——皮质醇水平会直线下降,而社会联系激素——催产素的分泌则会增加。但是,当通过数字科技提供社会支持时,这些同样强大的生理效应也会出现吗?让我们来看看母亲和她们十几岁的女儿之间的关系。在一项研究中,女孩们首先经历了引发焦虑的特里尔社会压力测试。在评委面前做了一场消耗脑力的公开演讲和一道高难度的数学题后,这些青少年肯定会感到紧张。她们可以通过三种方式中的一种与母亲取得联系:面对面、打电话或发短信。最后一组青少年独自坐在那里,没有得到任何支持。

母亲们被告知要尽可能地在情感上支持孩子。当她们当面或通过电话提供支持时,女儿的压力激素水平下降,社会联系激素水平上升,正如预期——这是支持起作用的迹象。但是,当青少年只收到母亲的安慰短信时,什么都没有改变——这些女孩几乎没有释放催产素,她们的皮质醇水平与那些没有得到支持的孩子一样高。通过电子设备的联系与母亲安慰的声音或现身是不一样的。这表明了一种进化上的不匹配：或许我们人类从社会支持中获益最多时是当我们直接感知到其他人之时。

社会联系对缓解焦虑产生奇效的第二种方式是通过另一种感官体验：眼神接触。与几乎所有其他动物，甚至是我们最接近的灵长类表亲不同的是，只有人类有能力通过凝视来分享意义和意图。换句话说，我们只是通过简单的眼神接触即可与他人进行交流，也能从中找到慰藉。想象两个人静静地坐在一起，他们转过身，看着对方的眼睛，无言地理解着对方。从生命最初的日子起，孩子们也可以这样做。婴儿会盯着看护者的眼睛来寻求安慰，学习玩耍着互动，观察自己的感受和行为如何影响他人。随着我们的成长，我们在这些技能的基础上不断发展，最终成为社交沟通中人情练达的专家。

你可以从人类眼睛的进化过程中看出凝视的重要性。人类的白眼球部分比灵长类动物和其他动物要大得多。这使我们能够精准地追踪和配合他人目光的方向：当虹膜被白色包围时，我们更容易看到瞳孔的方向。当我们能够跟随对方的目光时，我们也能更好地理解对方在做什么，想要什么，希望我们做什么。一些科学家认为[9]，这种看似简单的特质对智人作为一个物种的进化至关重要，因为它使我们能够有效地合作和协调我们的目标和意图。

如果我们长期埋头于屏幕，低着头，垂着眼睛，我们是否会轻易削弱这一人类交流的重要渠道？

在2017年，我们拿父母与年幼子女这类重要关系探讨了这个问题[10]。研究开始时，孩子们自在地与父母一起玩耍。在他们玩得正高兴时，我们打断了他们，要求家长们拿出他们的手机。为了确保他们不理会自己的孩子并且一直盯着屏幕，我们让他们填写一份简短的电子问卷。几分钟后，父母们再将注意力转回到他们的孩子们身上，继续玩耍。

为了手机而冷落旁人在许多家庭中可能司空见惯；这种行为甚至还有个专门的名称——低头症。但不出所料的是，当父母忙着玩手机时，实验中的孩子们仍然表现出焦虑，并强烈向父母寻求关注。他们的负面情绪往往会持续到重新开始玩耍。尽管许多孩子高兴起来，愉快地与父母重新玩耍，但也有一些孩子仍然焦虑不安，心事重重，他们似乎担心自己的父母会再次埋头看手机。

习惯了低头症父母的孩子并没有好多少。事实上，那些表示自己在家庭成员面前较常使用电子设备的父母，他们的孩子在重新玩耍时更难平复心情。这些孩子表现出更少的积极情绪和更多的消极情绪，并且花了更长的时间才乐意继续玩耍，即使他们的父母重新把全部注意力都放在他们身上。

我们在2019年为一篇网络电视特别报道《屏幕时间》（黛安·索耶报道）重现了这项研究，并有机会更深入地研究孩子们是如何看待失去父母注意力的。一个男孩立即做出了反应，声音越来越大地重复了7遍："妈妈，我们还有其他事情要做。妈妈，停下来，妈妈，该继续了。"一个刚刚还在和妈妈开心玩耍的小女孩，当电子设备出现时，她静静地拉过一把椅子，坐在她的妈妈对面。小女孩没有接着玩，也没有想办法让妈妈再陪她玩，只是静静地等着，一动不动的，不确定她的妈妈什么时候会回到她身边。

这项研究传达的信息并不是在孩子和家人面前使用电子设备会伤害到他们。但我们的研究结果表明，如果我们在和所爱的人在一起时总是"消失"，我们可能会失去和他们联系的机会，而这种联系对我们所有人都有好处。

在第二项研究中[11]，我们测试了低头症对成年人的影响。我们安排几对受试者一起做一道难题。其中一对中的一名成年人——实际是研究助理假扮的——不断地通过中断眼神交流、发短信和打电话来扰乱任务。在对照组中，两人一起不受打扰地解决难题。

就像关于父母和孩子们的研究一样，通过眼神接触打破互惠关系和联系的影响绝不是微不足道的。研究不仅发现成年人认为一起解决问题的伙伴低头看手机是粗鲁的举动，这些成年人也表现得更为焦虑。

如果孩子们都没事该怎么办

如果我们要相信有关数字科技的以上报道，就必须要在两个阵营中做出选择：一方是灾难预言者，他们告诉我们，智能手机会缩短我们的预期寿命，并导致从青少年焦虑症到自杀等各种问题；另一方是反对者，他们告诉我们，所有的恐慌都是没必要的，我们对数字科技的热情会逐渐消退，就像过去几代人对看太多电视的担忧一样。

有没有介于两者之间的中间派的说法？

为了弄清楚这一点，我们需要和真正了解情况的人谈谈：数字原住民。在美国国家公共电台2018年的一篇题为《女性青少年和她们的妈妈畅聊》的报道[12]中，很明显,孩子们感到左右为难,她们既知道社交媒体有时会让人感到焦虑和抑郁,又知道自己的手机提供了社交联系和情感慰藉,她们觉得离开手机就无法生活。

"成年人不知道手机对青少年有多重要,"一位青少年说,"我觉得,当你有社交媒体和手机时,你会变得更友好。在一节课上,我坐在某个男孩旁边。他没有手机,整节课都不讲话。这会让你变得不合群。"

"我不一定喜欢沉迷于此,"另一个人说,"嗯……我承认我撒谎了。我爱玩这个,我也知道它在对我做什么。我知道,实际上它给我制造了很多焦虑。不过,真的,刷它毫不费力。我可以坐在沙发上,什么都不用干,拿着手机就可以做很多事。我可以什么都不用做就存在于另一个世界里。"

我们都有同感,特别是在疫情之后,在这期间屏幕成了我们的生命线,但又因为不停的视频会议和无限浏览感到厌烦。有时,我们觉得自己沉迷于手机,尤其是社交媒体。但是,上瘾的类比过于简单。当我们沉迷于社交媒体时,大脑的奖励中枢可能会活跃起来,就像我们对苯二氮䓬类药物上瘾时一样,但当我对盐醋味薯片的过度喜爱被触发,难以拒绝下一片时,大脑的奖励中枢也同样会活跃起来。此外,我们中的许多人沉迷于社交媒体的原因(比如:复杂的社交动机、信息收集和职业要求等)与奖励无关。

一些研究人员选择继续忽略我们与数字科技之间关系的细微差别。他们认为,在缺乏证据的情况下,大肆宣传博眼球的醒目标题"智能手机令人上瘾"在心理上摧毁了一代人,并助长了美国青少年焦虑和自杀趋势。

迄今为止,事实仍然是几乎完全缺乏直接证据,来证明电子设备确实会导致严重的心理健康问题,或者使用社交媒体会让我们更焦虑。一项基于数十万青少年的调查数据研究结果显示[13],2011年青少年焦虑和抑郁人数的激增很可能是由于智能手机在同一时期的广泛使用。然而,牛津大学的一个独立研究小组使用同样的数据表明[14],吃比平均水平更多的土豆与焦虑的增加同样紧密相关,这提醒我们,相关关系并不意味着存在因果关系。

在为数不多[15]的关于社交媒体使用和情绪调节的前瞻性纵向研究中,研究人员首先测量了人们对社交媒体的使用量,然后跟踪它是否能预测长期的幸福感,杨百翰大学的莎拉·科因和她的同事们发现,在从青春期早期到成年早期的8年时间里，使用社交媒体的时间与焦虑和抑郁之间没有关联。

即使是这些发现也远非定论。在我们把研究精力集中在以下难题上之前，我们无法确定，使用什么样的社交媒体是有益的，什么样的社交媒体是有害的。如果我们确实受到了影响，我们的生理状态能帮自己理解为什么我们会受到影响吗？我们中哪些人是有韧性的，哪些人是脆弱的？数字科技带来的影响是否会随着我们自身的变化而发生改变？

在莱斯利·萨尔茨和她的同事们把青春期女孩和她们的妈妈带进实验室进行社会支持研究近10年后[16]，我们邀请了青春期女孩和她们最好的朋友来到我们的实验室，并把她们分成三组。其中两组被简单地要求讨论她们烦恼的事情，然后彼此给予情感支持——一组通过Zoom，另一组通过发信息。第三组独自坐着思考她们烦恼的事情。对话结束后，我们没有测量压力激素和社会联系激素，而是在青春期女孩观看情绪图片时，用脑电图测量她们的大脑反应。所谓情绪图片，包括医院里的重病患者以及卷入暴力争吵的士兵。我们的理论是，那些感到最多社会支持的青少年能够更好地管理她们对照片的情绪反应。我们认为通过Zoom视频聊天是支持朋友最有效的方式：能看到彼此的脸，听到彼此的声音，实时察觉对方的感受。

但结果完全不是这样。互相发信息的小组成员表现出最平静的大脑反应。更有趣的是，通过Zoom获得支持的青少年的大脑看起来与那些独自待着没有社会支持的青少年的大脑反应一样。

我们陷入了困惑，不仅是因为这与我们的预期不符，还因为这似乎与2010年的那项研究结果相矛盾，那项研究显示，母亲和她们十几岁的女儿并没有从短信支持中获益。所以我们和那些青少年参与者进行了交流。当时是2019年，因此她们中的大多数人都是伴随着发信息长大的，她们更喜欢发信息而不是通过其他形式进行交流。信息文字、表情包和动图中的俚语可以躲过成年人的窥探，因为成年人连一半都看不懂，但对青少年来说，它们是丰富而完整的词汇库。Zoom让她们感觉不友好：看起来不同步，很尴尬，不太像面对面交谈。她们并不反对面对面交谈并仍然渴望与朋友们面对面地在一起。但她们也喜欢在信息交谈中可以停顿一下，仔细思考自己想说的话，理解朋友感受到的痛苦和她们自己可能感受到的痛苦。就这一点而言，在视频聊天和面对面交谈时，人们必须立即做出反应,她们根本没有时间进行思考。从这个角度来看,信息交流帮助她们成为最好的、最能给予彼此支持的朋友。

在成长的过程中,我从来不用担心网络"喷子"、仇恨者和算法。我甚至不知道什么是算法。作为一个年轻的、正在成长的人,在度过自我意识强烈的青少年时期时,我没有感受到社交媒体聚光灯的持续热度。如果能感受到,我不确定自己能否应付得特别好。

但像我这样的X世代应该对自己的假设持怀疑态度。我是在收到一名学生的电子邮件后亲身体会到这一点的。这名学生阅读了我在《纽约时报》写的一篇专栏文章[17],我在其中呼吁对社交媒体和心理健康进行更细致的讨论,而不是简单粗暴地假设数字科技导致青少年焦虑等问题。

丹尼斯-蒂瓦里博士:

我目前正在上大学本科预修课英语1010课程。我写信是想告诉您,您的文章《拿走手机并不能带走青少年的问题》非常受我们课程中年轻人的欢迎。我们被要求去阅读、批注和总结这篇文章。在上课的这几个月里,我们能读到的只有反对数字科技的文章。您的这篇文章对我们来说是一种巨大的宽慰。我们感觉到好像有人真正理解了这个世界上的数字原住民。

我和我所有的同学
感谢您

第三部分
如何拯救焦虑

第7章
不确定性

在这世上唯一确定的就是不确定,学会在不安全中生存,是获得安全的唯一途径。

——约翰·艾伦·保罗斯,《数学家妙谈股市》[1]

人类处境皆是如此:如同一场赌博,无时无刻不充满着各种概率,赌那些一直在发生的事情会继续发生——我们会在清晨醒来,做着预先计划好的事情,晚上回到家睡觉,然后第二天早上醒来,又重新开始"赌博",如此周而复始,循环往复。当然,生活中没有什么是确定无疑的,无论站在理性还是感性的角度,我们大多数人都接受这一事实,但很少有人会深入思考它。当我们面对生活中的不确定性时,我们会感到紧张,感受到假想与现实之间的冲突,因为一些不可信、不可靠的事物进入了我们的生活。正是这种紧张感使得我们坐立不安,因为我们知道接下来发生的事情可能是可怕的,也可能是美好的,或者仅仅是平淡无奇的,所以我们需要尽己所能去做些什么来减少这种紧张感。

换句话说,不确定性就是可能性,哪怕对这种不确定性的思考也是在思考未来。

2021年7月底的一天,我醒来时感觉鼻塞、头痛、喉咙痛。我内心想,大概只是夏季感冒或过敏吧,但会不会其实是新冠?一天后,症状还没有消失,于是我在家里自行做了病毒检测。等待结果的时候,我丈夫焦急地来回走动,他已经感染过新冠并康复,但他非常害怕家里其他人也感染上,特别是我们的女儿还太小,不能接种疫苗。

我知道我被感染的可能性不是没有,但我觉得这个概率很小。我和我丈夫都感到不确定,但我们对这种不确定性持不同看法:他倾向于消极,而我倾向于积极。这两种可能性都存在,这意味着我们对未来有一定的控制权:我可以做检测,记录我的症状,进行自我隔离,并采取预防措施防止我女儿生病。这是不确定性最好的一面:(此时)它为我们提供了可以把控未来的机会。

对黑暗面说不

很久以前,在遥远的银河系,一个名叫阿纳金·天行者的男孩出生在一颗沙漠星球上。根据古老的预言,他可以联合原力的光明面和黑暗面,为宇宙带来平衡。然而,他却被原力的黑暗面所诱惑。当然,这是《星球大战》传奇故事的开始,这是20世纪最著名的推理神话。对忠实粉丝来说,这部作品更似宗教。但对我来说,这是一个寓言,讲述了我们为什么需要不确定性。

阿纳金屈服于黑暗面是因为他痴迷于消除自己最大的恐惧:总有一天,他心爱的妻子帕德梅会死去。但折磨他的并不是死亡本身的必然性,而是他妻子个人死亡的不确定性。他无法忍受的是,他不知道妻子会在何时以何种方式死去,也不知道自己能否拯救她,就像他无法拯救自己的母亲,使其免死于袭击者之手一样。实际上,帕德梅是死于分娩,但阿纳金被人误导以为是自己杀死了妻子,这时,他对不确定性的拒绝接受就变成了无法忍受的悲伤和愤怒。阿纳金很快就变成了现代电影中最具标志性的反派角色——达斯·维达。

阿纳金真正的失败不是他对帕德梅的爱,甚至不是他的恐惧,而是他无法接受不确定性。他只看到了不可避免的灾难,没有看到他和帕德梅本有可能度过一段漫长而充实的余生,而他本可以朝着这个目标努力。因为他丧失了对积极可能性的想象能力,也就是说,因为他失去了不确定性,黑暗面才最终将他吞噬。

这个故事的寓意是什么?拒绝不确定性意味着在拒绝潜在悲剧的同时,也拒绝了快乐的可能。还有,做人不要做达斯·维达。幸运的是,我们的大脑已经进化,能够帮助预防这种情况发生。

寻求不确定性的大脑

不确定性是生存的关键。从进化的角度来看,最危险的不是确定性的威胁,而是未知的威胁。未知限制了我们为它们做准备、从它们身上学习,以及实际上为生存采取行动的能力。

因此,我们的大脑不会忽视不确定性,反而会向不确定性靠拢,以至随着进化,人类的大脑具备了可以自动且毫不费力地注意到意外的、不可预测的和新奇的事物的能力,这(种现象)就是定向反应。这种反应是直觉性的、无意识的，所以即使我们付出努力，也无法阻止自己产生这种反应。这就像医生用小橡皮锤敲打我们的膝盖时，我们的小腿会弹起来，但定向反应比这要快得多。可以说，我们的大脑已经进化成了预测不确定性的雷达。

事实上，定向反应可以通过脑电波来观察。想象一下，在一项计算机任务中，如果你看到屏幕上出现"Y"，则必须按键盘的向上键，如果看到"N"，则必须按向下键。"Y"和"N"的呈现速度越来越快，因此有时你会做对，有时你会犯错。成功时，电脑会发出悦耳的铃声，但失败时，一个恼人的蜂鸣声响起。偶尔，你会得到一个中性的丁丁声，你做对了还是做错了？你并不确定。

数十项使用类似任务进行的研究表明，在短短1/3秒内，我们的大脑就会通过脑电活动的特定变化（也称为脑电波）对反馈做出反应，这种变化可以通过脑电图进行测量。我们给这些脑电波起了一些术语，例如"错误相关负波"、"错误正波"和"反馈负波"。这些脑电波其实就是在说，我们的大脑在计算：我做对了吗，我做错了吗，还是不确定？

当脑电波变强时，这意味着我们的神经元正在消耗更多的能量。是什么导致了这些强脑电波呢[2]？是不确定性，那种模棱两可的丁丁声，尤其是当我们感到不自在或紧张的时候。不要误解我的意思，错误也会引起大脑的强烈反应，特别是与我们答对时相比。这在进化上是有意义的，因为生存往往依赖于从错误中吸取教训，而不仅仅是沉溺于正确。但是，我们的大脑会付出额外的精力来追踪不确定性，因为这才是我们真正需要弄清楚的事情。

这需要脑力，也就是心理学家所说的认知控制，即学习、决策和改变我们思维和行动来解决问题的能力。幸运的是，在我们神奇的大脑关注不确定性的同时，也在提高我们的认知能力。事实上，很少有事情能像失控一样给人类大脑带来如此大的压力。以2004年的一项元分析为例，这项分析整合了200多项研究的数据[3]。这些研究调查了引起最大压力的各种情况，包括在公开演讲中被负面评价、完成困难的脑力工作（如算术），以及被持续不断的巨大噪声淹没。

当把这些研究相互联系起来考虑时，触发最高应激激素反应的情况是哪个？哪个都不是。情境本身如何并不重要，在所有研究中，最重要的是参与者对情境的掌控程度，尤其是面临与他人有关的情境时。例如，无论你表现得多么出色，在一位对你始终不满意的专家面前，你仍会感到压力倍增。

面对不确定性，我们的大脑是如何提高认知控制能力的？方法是，大脑将感知到的不确定性置于几乎所有其他事情之上。例如，在一项研究中[4]，参与者需要完成一项棘手的知觉任务：他们需要观察两张图片，并辨别其中哪一幅更清晰。有些图片容易辨别，但有些没那么容易，只有细微区别。对于任何一组图片，参与者都可以不作回答，表示自己不确定。

脑部扫描显示，当参与者说他们感到不确定时，参与认知控制的神经网络脑区被广泛激活，如前额叶皮质和前扣带皮质。相比之下，当参与者在两个类似的图像中必须做出艰难的选择时，脑部扫描却显示认知控制区域只被微弱地激活。换句话说，如果把大脑的认知控制区域比喻成骑兵队，那么大脑感知到不确定性时，整个兵团以迅雷不及掩耳之势赶来，而真正解决棘手问题时几乎没有骑手爬上马。

这就是不确定性的神奇——无须我们付出任何有意识的努力，我们的大脑就能出色地完成两件事：注意到不确定性，然后竭尽全力控制它。这就是使人类能够在动荡和变幻莫测的数万年中学习、适应、生存和繁荣的原因。

最近，我们被迫参与了一项对不确定性的集体案例研究，并以亲身经历从中汲取了这一教训。

疫情的不确定性

因经历过新冠肺炎疫情，我们体会到了不确定性最原始的形态：我会死吗？我爱的人会吗？离开家安全吗？几个月后我还能有工作吗？如果生病了，超负荷的医疗保健系统还能顾及我们吗？全球经济会崩溃吗？我们还要忍受多久社会隔离、远程学习、Zoom 视频会议的疲劳感？

我们经历了一场大疫情，并且它 100% 具有传染性。

疫情给（几乎）所有事情都带来了不可预测性，这有时让人感觉像是一种折磨。心理学家称之为无法忍受不确定性。对这种（不确定性）的衡量，办法通常是调查人们是否同意诸如"不确定性使我无法过上充实的生活""我总是想知道未来会发生什么""我受不了措手不及的感觉"等表述。

尽管这些感受可以理解，但进化已经让我们随时为世界崩溃做好了准备，所以我们没有坐以待毙等着病毒来感染我们。不确定性激励我们采取了行动，促使我们做了很多事情。

就拿戴口罩这件事来说。起初，我们被告知要把可用的口罩留给一线医护人员，所以当到处都买不到口罩时，我们就用旧T恤或手帕来缝制。当终于可以买到口罩时，我们就一刻不停地戴着，像对待珍宝一样对待它们。当我的一个朋友把他的N95口罩送给我时，我知道他是我真正的朋友。

我们后来意识到，即使戴上口罩也不能保证安全，但即便如此，不确定性还是让我们相信这样做有意义，做点什么总比什么都不做强。

正是我们对疫情的不确定性的反应，让我们做好了应对新冠肺炎疫情的准备：囤积必需品，不厌其烦地清洁屋子、勤洗手，以及对食品杂货进行消毒，戴好手套，甚至不久之后开始一次戴两个口罩。我们利用了不确定性（在我们身上）激发的特质：谨慎、专注、计划、关注细节和有驱动力。

当我们积极应对不确定性时，即使是最细微的细节，我们也能做得恰到好处，这就是所谓的注意力范围缩小。想象一下，你在树林里散步，碰巧遇到一只熊。你愣住了，并且随着它离你越来越近，你的注意力范围就会越来越小，从而尽力接收所有可能（出现）的信息：它看到我了吗？它在朝我的方向移动吗？周围是否有幼崽需要它保护？熊的危险比你刚刚还在欣赏的树林的各个方面——葱绿苍翠的大树、阳光下斑驳的野花、婉转歌唱的鸟儿——都要重要得多。当你面对眼前的危险时，这一切都消失了。狭窄的注意力使你更有可能生存下来。如果注意力不狭窄，你可能只对威胁看出一个大概，但在躲避熊的攻击时，只明白个大概是不够的。

  无须想象，现在你正经历着一场全球性流行病。情况仍然不确定，但你需要集中精力尽可能多地了解这种疾病，包括了解详细的事实，判断其真实性，根据需要更新信息，并做出明确的决定。我真的能从物体表面感染病毒吗？戴口罩有多重要呢？有什么证据表明户外聚集是安全的？你了解得越多，你就越会优先关注病毒的现实危险，而不清楚或模糊的信息（这些信息更有可能是错误的）则会逐渐从视野中消失。这可以防止高估或低估病毒的威胁，并帮助你尽可能做出最佳的选择，以保持身体安全和心理健康。有了这种狭窄的注意力范围，你更有可能生存下来。

在不确定时期依靠不断地收集信息来缩小我们的关注范围，并不是不确定性在疫情期间帮助我们的唯一方式。疫情封控刚开始时，安雅住在新泽西州郊区。她和她的丈夫迈克都是音乐工作者，当疫情暴发时，他们的工作生活一夜之间发生了改变。安雅同时也是演员，她不知道自己什么时候能回去工作，也不知道回去以后会是什么样子。迈克在百老汇本已事业有成，但在可预见的未来内会一直失业。

对安雅而言，不确定性并不是什么新鲜事。随着事业的发展，她已经习惯于从一场演出奔走到另一场演出，不确定下一场演出何时会有，这就是艺术工作者的生活，但也是她热爱的生活。在疫情之前，她曾认为成功的关键是为未来做好规划。但这次疫情将这一假设彻底打破了。现在谁也无法预测下一场演出会在什么时候举办，甚至是否会举办。那她怎么能为这个前所未有的未知生活做好计划呢？每天都像在跑马拉松，一场她无法为之训练的马拉松，她越是努力跑，终点线似乎就越远。

然后，随着秋天的临近，她和迈克不得不考虑他们9岁的儿子的上学问题。即使在与当地教育委员会就开学计划进行了几次长达5个小时的令人痛苦的Zoom会议后，家长们仍然发现，除了课后体育活动，几乎没有其他课后活动。在会议即将结束时，一位母亲开口询问音乐课程的细节。对她来说，音乐教育不是奢侈品，而是一种智力、情感和社交的必需品。学校负责人没有说什么，只是说："在疫情期间他们不能对着乐器吹气。好，我们继续下一话题。"

但那个妈妈不打算就这样被晾到一边。"我还不想换话题，"她说，"为什么不给家长们一个回答？为什么一切都和体育有关？"她很生气，但也很担心，孩子们完全有可能失去这一年的音乐教育。这一切的不确定性使她变得很勇猛，激烈地保护她的孩子和其他人的需求。正如安雅所说，"没有什么比为你的孩子担心更有力量。惹我的孩子，你可就得小心了。"你可别不信，学校如果不想出继续开展音乐课程的办法，那位母亲肯定是不会罢休的。

不确定性让我们在需要时变得勇猛。它也让我们相信，我们可以通过行动来控制任何可能发生在自己面前的事情。在疫情期间，我在一个极其平凡的控制策略中找到了慰藉：列清单。不要低估一个好的清单的力量，（有关）列清单的科学研究[5]（是的，列清单是有科学方法的！）

表明，把我们想要完成或记住的东西用线性方式编排起来，有很多好处。列清单能增强我们的幸福感和个人控制感。对记忆和衰老的研究表明，仅仅列一份清单，特别是一份有条理、有策略的清单，就可以帮助老年人像年轻人一样，甚至不用看清单就能记住所列出的项目和内容。

在封控期间，我为我的孩子和我自己制订了书面计划，它们就像路标一样，指引我们朝着目的地前进，尽管我们并不总是能确定目的地在哪里。我们把一天分为上午、下午和晚上，并写下每个部分的活动。8:30，学校使用Zoom开始上课，但在午餐前还有时间休息，大约12:30的时候还可以散步。13:00，又开始上课了。但幸运的是，晚餐前还有一个家庭舞会。好棒！

这些清单给了我们一种控制感，因为它们让我们带着目的感向前走。它们的作用还不止于此：它们还激发了我们的新习惯。我们全家开始一起爬山，并且发现我们的确很喜欢这项活动，仅仅是因为我们把它写进了（任务）清单。我们把最喜欢的食谱列了个清单，然后添置相关食材，而不是每天晚上都吃微波炉加热的冷冻食品（尽管我们也没少这么做）。于是吃饭成了一种受欢迎的仪式，给了我们一种联结感和使命感。我还把疫情期间想多做些的事情列了个清单，因为接纳不确定性给我带来了新的优先事项：我很幸运，能够花更多的时间写作，和家人一起做事情，并且重拾我已经遗忘的爱好。其他人可能发现自己的时间更少了，并且面临着新的困难，但无论我们在疫情期间的经历如何，许多人都做出了勇往直前的决定——因为谁都不知道明天会带来什么，所以也不会为失去什么而畏惧。

对我和我的家人而言，并不是说，这是一个需要庆祝美好时刻的"清单节"。远非如此，那些日子充满了绝望、疲惫和无望。我的儿子是个爱操心的人，我的女儿不是，但他们却都因为害怕新冠肺炎疫情和一些其他事情而挣扎。在那些糟糕的日子里，我们每天晚上照常上床睡觉，第二天早上照常起床，每天一起重新面对生活的不确定性。有些天我们列了个清单，有些天没有。但我们团结在一起，每天都努力迈出一小步来获得控制感，从不确定性中创造确定性。

的确，团结的力量是我们得益于不确定性而学到的另一课。我们中的一些人可能相信原始的意志力——抑制不想要的感觉和行动，并且抵制短期的诱惑来实现长期的目标——是克服逆境最好的方法。但当我们应对混乱时，光凭意志力是不够的，因为我们本以为可以依靠的一切东西都被彻底破坏了。我们不能只靠意志让自己恢复良好的感觉，继续做我们需要做的事情，或者恢复原本正常的生活。正如有关意志力的科学研究表明的那样，我们做得越多，就越会感到精疲力竭，最终无法控制自己。就像太过严格的饮食控制或太激烈的锻炼一样，我们最终会无法坚持下去。

尽管如此，我们仍然需要在疫情期间保持自我控制、谨慎和智慧。所以我们是如何做的呢？幸运的话，我们可能会了解到社会心理学研究者20年前就已经揭晓的事[6]：当我们需要更多的自我控制，但意志力不足时，我们对所爱之人的亲近、关心和感激可以填补这一空白。例如，仅对他人心存感激，就能直接提高我们的自制力。在著名的斯坦福棉花糖实验中，孩子们被要求选择现在吃一颗棉花糖，或者等一下再吃两颗棉花糖，成人版中用钱替换了棉花糖。研究人员要求一半的被试花点时间回忆他们感激的人，另一半被试则没有。相比于那些无感激之心的人，那些心存感激的人愿意放弃现在钱数的两倍的钱，以在未来获得更多的钱[7]。不确定性再次提供了帮助，帮他们找到了最宝贵的资源之一：人际关系。

焦虑和不确定性有什么关系

在疫情期间,不确定性促使我们采取行动,从戴口罩到列清单,从谨慎行事到正确处理细节,从为我们的社区所需要的东西激烈斗争到巧妙地借助我们的社会关系做些事情。

但这种不确定性对我们的焦虑程度有影响吗?

在新冠肺炎疫情(刚开始的前)6个月,我和我的同事对来自美国、荷兰和秘鲁3个国家的1 339名青少年的焦虑症状进行了追踪研究[8]。之所以选择这些青少年,是因为在疫情前,他们就在与严重的焦虑作斗争了,我们原以为这次疫情会加剧他们的忧虑和恐惧。

但我们错了。

即使这些青少年被迫进入封控状态,他们焦虑的严重程度仍然保持稳定,没有增加或减少,保持着心理韧性。来自英国的研究显示了类似的结果:在疫情期间,一组8—18岁的青少年(共1.9万人)的焦虑水平保持稳定[9]。不仅如此,高达41%的青少年表示,封控期间比之前反而感觉更快乐,也有25%的青少年表示,他们的生活比以前更好。尽管其中一些变化趋势可以归因于年轻人在这个阶段经历了更少的社会需求和压力（比如更少的同龄人压力），但隔离生活也并非易事。

换句话说，疫情让我们学到的并不是不确定性没有引起任何痛苦或焦虑，痛苦和焦虑肯定是有的，但最终决定我们幸福与否的，不是不确定性的存在，而是我们如何处理它。

这里，焦虑就是我们的秘密武器。当我们对变幻莫测的未来感到紧张时，焦虑会激励我们采取行动。焦虑带给了我们避免消极结果的勇气，并且使我们头脑更加清晰，从而发现之前被我们忽视的可能性。焦虑不允许我们被动地等待然后成为受害者，它会驱使我们做一些事情。尽管这些事情可能并不总是正确或有效的，但仅仅（是）去做一些事情——对不确定性采取行动——就会让我们感觉更好，并且在大多数情况下会带来好的结果。焦虑不是唯一能帮助我们实现这一目标的情绪，但当我们学会如何利用它时，它确实是一种强有力的情绪。

这些是焦虑带给我们的好处。如果没有焦虑，我相信我们在这场疫情的马拉松中肯定不会像现在一样坚持得这么好。不妨将不确定性想象成比赛的发令枪，那么焦虑就是能量、肌肉和肌腱的一部分，帮助我们冲向终点。

第 8 章
创造力

我们人类所独有的,化解预期与现实间冲突的能力,即我们的创造力,同时也是我们克服神经性焦虑,带着正常焦虑去生活的力量。

——罗洛·梅,《焦虑的意义》[1]

2017年,德鲁搬到纽约市,打算在戏剧领域发展事业。这是个不小的转变,所以有一天他在城里闲逛时,突然感到紧张心累,这并不令人意外。很快,他感到喉咙又紧又干,喘不上气。随着呼吸变得困难,他开始感到压抑和恐惧,仿佛有厄运即将降临。接下来几个小时里,他继续行走,努力克服这种恐惧感,但无济于事。于是,德鲁上了地铁,希望在回家路上挺过困难,结果一走入地下,却感觉更难受。他心跳加速，胸口传来一阵剧痛，喘不过气来。一边颤抖一边出汗的他蹒跚走出地铁，好不容易走到家，一下子瘫在床上，这才得以休息。

这是德鲁第一次惊恐发作，持续了将近一整天。

接下来几个月，惊恐又发作了多次，德鲁决定寻求治疗。在治疗中，德鲁对焦虑的看法开始发生改变。"第一次惊恐发作和之后那几次，想想当时确实可怕，"他说，"但这些经历也是恩赐，让我不得不终于面对自己的焦虑。我这几年正因此才得到前所未有的身心成长。焦虑是我的老师。"

德鲁没有选择回避焦虑。相反，他对焦虑进行了探索，还创造出了一部多媒体戏剧作品，名为《惊恐发作变奏曲》，被人描述为"以威严的重金属音景对恐慌的大脑进行了新的畅想"。在一次工坊演出中，德鲁和他的四人乐队走上舞台，阴森古怪的背景音乐填满空间。纽约地铁上的电子女声开始广播："本车是E线，终点站世贸大厦。下一站，第50街。"对着麦克风，德鲁描述一边走进车厢、一边被惊恐吞没的经历。慢慢地，音乐声越来越响，越来越不和谐，直至最后出现列车与轨道刺耳的摩擦声。压抑的气氛让观众越来越难受，他们不知所措，却又不得不集中注意力。然后，一小节一小节，刺耳的不和谐音符逐渐变成一支乐队同步演奏的声音。虽然音量没有减小，但是旋律和节奏变得协调。

观看《惊恐发作变奏曲》的观众与德鲁一起经历了他学到的一课：人若能接受焦虑带来的不适，倾听它的教导，便可成长和创造，并最终解决焦虑时内心的不和谐感。一些受焦虑启发的创作，如这首《惊恐发作变奏曲》，就像一件艺术作品。另一些创作可能非常简单和平凡，让人甚至看不出其中的创造力，直到我们认清创造力的本质。

创造力和枯菜花

提到创造力，人们往往首先想到的是文学与艺术上的创作：一幅画、一本书、一场音乐表演等。我们可能也会想到创造新科技或改善工具的发明家，但这种思考方式有些狭隘。实际上我们所有人每天都在不断地进行创造。

这是因为创造力源于从一种状态转换成另一种状态的过程。这一刻大脑一片空白，下一刻有了个想法，就是创造。制作出一个新事物,哪怕只是个火腿三明治,只要完全一样的事物以前没有出现过,就是创造。自己有想法或者认出别人的好想法,就是创造。为了解决问题并与他人交流,在一种办法不奏效时思考其他办法,就是创造。创造力是看到事物间别人可能没看到的联系,并怀抱着求知欲、精力和开放的心态去追求这一新发现。比如,把百视达和亚马逊结合起来,就有了网飞。

创造力,就是发现可能性。

下班时间到了,我还有各种快到截止时间的工作要赶,积攒了两个星期没有回复的邮件像挂在我脖子上的信天翁[①]。我一看时间:啊,不好!到晚饭时间了。我还没想过今天给孩子们做点什么。我跑下楼去,只听见孩子们叫着:"我饿!晚饭吃什么呀?我能吃点零食吗?"我打开冰箱,里面空空如也。只有一点儿奶酪、牛奶、可能已经坏掉的鸡蛋,以及蔬菜保鲜盒里一棵已有些打蔫的菜花。我心一沉,然后又开始心跳加速,

---

① 英文俗语,比喻阻碍人进步的事物。语出1798英国诗人柯勒律治的叙事长诗《古舟子咏》,诗中一名水手射死了一只带领船只走出风暴的信天翁,而后全船遭遇厄运,船员将被射死的信天翁挂在其杀手的脖子上。

胃里有种可能是（也可能不是）肾上腺素爆发造成的不适感。怎么办？我可以叫比萨外卖，可我这周已经叫过两次了（今天才周三）。我想让我的孩子多吃健康晚饭，于是我深吸一口气开始思考。枯菜花并不好做菜，可是别忘了还有互联网，于是我搜索了"用剩菜花做晚饭"。不开玩笑，第一条结果就是"把剩菜花用完的13种方法"。整整13种！现在我需要面对的唯一问题是如何从这么多选项里选出一个——我该做烤菜花奶酪砂锅呢，还是酥炸菜花？不到30分钟，之前那棵被人忘在一边的可怜的菜花变成了一道新的晚餐菜肴。

促使我创造出新的健康晚餐的，不是我对三餐的不在意，也不是我自由放任式的育儿方式，而是焦虑：担心孩子是不是吃得好的焦虑，突然需要做晚饭却没做好准备而措手不及的焦虑，因为我在乎和孩子一起吃一顿热腾腾的饭而不是点外卖带来的焦虑。人的生活中每时每刻充满了大大小小的焦虑情绪，这些焦虑让人更有创造力，因为它帮助我们看到连菜花里都存在的可能性，让我们把全新的、有价值的事物创造出来。

创造力就是发现各种可能性。焦虑则帮我们看到可能性存在的可能。

焦虑也会影响我们发挥创造力的方式，研究人员称之为流畅性（即一个人想法与观点的绝对数量）与独创性（即这些想法的新颖程度）。这两方面都随人的情绪而变化。

我们是怎么知道的呢？研究人员首先让被试写一篇小作文，讲述一个唤起强烈情感的情景，或让他们观看一些情绪激烈的电影片段，以此在他们身上诱发特定情感[2]。然后，研究人员测量了被试的创造力。研究结果发现，影响人们创造力的不在于情感是积极还是消极，而在于情感产生兴奋还是抑制作用——换言之，情感是否让人心潮澎湃。兴奋型情感，比如愤怒、喜悦与焦虑，会提高人的能量水平，给人"做点什么事"的动力。尽管这些情感中有的积极有的消极，这些兴奋型情感整体上和抑制型情感大有不同。抑制型情感，比如悲伤、压抑、放松、宁静，只会让人慢下来。

在2008年进行的一项研究中[3]，欧洲和以色列的研究人员首先在被试身上诱发出兴奋型或抑制型情感，然后请他们做如下创造行为——为如何提高大学心理系的教学质量出谋划策，写出尽可能多的想法、办法、建议。抑制型情感对创造力没有任何影响，但兴奋型情感，无论积极还是消极，都促使流畅性和独创性得以提高。适度焦虑（或者愤怒、喜悦）的人想出了更多、更有创意的想法。焦虑能提高创造力，原因之一是它令参与者更长久地坚持动脑思考和解决问题。

焦虑等兴奋型情感不仅帮助人们坚持，还有助于抵消干扰创造力的抑制型情感。如果焦虑能启发人们看到机遇存在的可能性，并在因情绪低落而创造力变慢时让人坚持创造，那么，当焦虑情绪本身成为负担的时候呢？焦虑还会是创造力的源泉吗？

几个星期前，我半夜突然醒来，心跳、冒汗、感到恐惧，很像德鲁在纽约市大街上那段经历。当时是凌晨3:17。我的思绪迅速转移，开始担心我与一名亲密同事的关系。我们两人在一些问题上发生了分歧——感觉好像世上就没有我们想法一致的事。我脑中一直不停地在想让我不高兴的事，想起我和她最近一次郁闷的谈话，想起我当时说过的无力的话和事后我才想出的有力反驳。这些感觉不用我一一诠释。这就是焦虑啊，创造力在哪里呢？

这种痛苦的焦虑本身就是创造力，因为这是一种召唤——召唤我们去倾听和注意烟雾警报的提示，告诉我们可能有地方着火了；召唤我们深入挖掘情感和理智，弄明白到底发生了什么，不要因为怕被拖入情感深渊而照往常一样浮于表面。

我决定听从焦虑的声音。在床上辗转反侧了几个小时后，我终于从床上爬起来，明白我需要和同事认真聊聊。仅做出这一决定，便扫清了我一晚上忧虑的迷雾。这也提醒着我，我对情况还没有完全失去控制，只要别待在床上辗转反侧，很多问题我都能解决。

焦虑之所以是创造力的源泉，正因为它是一种不舒服的情感。允许自己感受这种不舒服，说明我们希望解决问题，也需要解决问题。于是我们采取行动，使生活更美好，创造自己想要的未来。放弃焦虑意味着放弃更多可能性。

面对焦虑，人若以创造的心态来应对——去绘画，去种植美丽花园，去开始一段困难的对话或者把冰箱里的一棵枯老菜花变成一顿像样的饭，就会发现焦虑馈赠给我们的，不是恐惧，而是积极的选择。

利用焦虑，我们能发现创造的机会，并为了将其实现而坚持到底。但这其中仍然有个风险，叫作完美主义——它和创造力一样，因焦虑而出现。

放弃完美主义，接纳卓越主义

焦虑和完美主义有共同之处，和焦虑一样，完美主义让人持续关注未来，激励我们把事情做好。从这个意义上讲，想要取得成就和不断创造，完美主义有时是个优良的推动力。不幸的是，完美主义经常帮倒忙：它确实使人关注未来，力争以高标准把事做好，但它更让人担心失败的后果。

顾名思义，完美主义者对自己的要求往往不切实际、过于严苛，经常无法实现。完美主义者做事时如果达不到完美，就会感到备受打击，不能放手去迎接新的挑战，哪怕自己有了进步也不会引以为傲，更不会在中途就庆祝阶段性成就。恰恰相反，这些人会严厉地自责。对完美主义者而言，生活非此即彼：要么获胜，要么惨败，没有中间地带。这种对完美无瑕的不懈追求必然会导致自卑、压抑、害怕失败[4]，结果完美主义者最终取得的成就，反而经常远低于其水平，因为他们在问题前会退缩、拖延，甚至不去迎接挑战——他们宁可不参赛，也不愿因意外出局而蒙羞。

焦虑与完美主义虽有相似之处，但也有很多差异。焦虑可以使人前进，在遇阻时帮人想办法解决问题，努力追求好结果，而完美主义却会阻碍人进步。完美主义不给失败和未知留下任何余地，于是人生道路变得越来越窄，直至无法前进。完美主义就像极端的、不健康的焦虑，让人抓不住机遇。

幸好，在完美主义之外还有另一个选择，同样汲取焦虑的力量，却能提高我们坚持创造的能力。这个选择叫作卓越主义[5]，即追求卓越而不追求完美，做事依然以高标准要求自己，但若没达到标准却不过度自责。卓越主义者对新体验持开放态度，在解决问题时愿意采取独特办法，如果事情没有做好，只要能从错误中吸取教训，从而继续追求非凡成就，那便无妨。

比起不追求完美的人，卓越主义者的焦虑程度确实往往更高一些，但也因此会有更高的严谨性、更强的内驱力，做事时更有能力向目标迈进，在生活中也会感到更安心。但卓越主义者的焦虑却不像完美主义者那样令人虚弱无力，也没有完美主义带来的其他包袱：工作上更易倦怠、生活上不停地拖延，以及长期抑郁乃至自杀的倾向。

卓越主义吸取了完美主义中最好的部分——关注细节、全身心投入创作与对成就的追求，又能挖掘人的潜力，而不像完美主义那样把潜力压制住。为什么是这样呢？我们用投资回报率来打个比方。

大多数人认为努力会有回报，不努力则没有回报。如果一项任务需要一天时间才能做好，但我们只付出一小时的工夫，结果也一定不会太好。多项研究结果验证了人们这一直觉：学生投入更多时间精力、更努力学习时，成绩便会提高[6]。人给自己树立目标时，目标更高的人，比起目标较低的人，往往发挥得会更好，因为他们追求目标时更努力，就像对自己进行了投资。时间和精力的投入越高，成功与绩效的回报越成比例增加。这一区域是收益递增区：有多少劳动付出，就会产生多少效应。比例关系清晰易懂。

但这比例关系也不那么简单。事实证明，劳动付出的质与量都很关键。人的努力越有针对性，目标越清晰可行，学习和工作的成效就越高。仅以量取胜有时会适得其反：我们可能会进入收益递减区，投入的时间与精力越来越多，获得的进步却越来越少，工作效率急剧下降。甚至，收益递减可能发展为收益受损，即投入更多的时间精力，效果反而不如不投入。这就好像健身时有个最佳健身方案，该停的时候不停，只会导致训练过度，反而连最基本的动作都做不好；又好像为了追求完美眉形而不停用镊子修眉毛，结果导致眉毛几乎全被拔掉，最后不得不像外婆一样用眉笔勾勒出眉毛线条。完美主义常把我们带上这条路，带入收益递减甚至受损的区域：对可望而不可即的完美越是追求，效率越低，创造力越低。眉毛还修得过于纤细。

各种任务，我们都可以划分出收入递增、递减、受损区域[7]。想象有两个人——一个完美主义者，一个卓越主义者——各自写一篇短故事。他们分别会走入哪个区域呢？在故事上需要投入多少时间，两个人都需要想清楚：时间太短，则故事情节混乱，行文杂乱无章，病句连篇；时间刚刚好，则进入收益递增区——每投入一小时，文章质量就会提高一个档次。故事快要写完时，两人的区别便逐渐显著起来：相比卓越主义者，完美主义者更可能走入效益递减区，在故事的行文架构、清晰程度以及创意程度上，每小时能达到的提升越来越小。

正是这个原因，无论是写作，还是做文字审校这种也许更单调一些的工作，一个反直觉的结论是，完美主义者的工作质量其实低于他们能力所及[8]。比如，研究显示，完美主义者在做重复或单调工作时，比起非完美主义者，用时更长，错误率更高，效率更低[9]。科学家对零缺陷的追求同样如此：坚持高度完美主义的科学家发表的论文数量更少，质量更低，创新性也相对更差[10]。

而卓越主义者则常能避过这些雷区。他们常能找到完美与及格之间的最佳平衡，因为他们能做到追求卓越而不追求完美。卓越主义者能在收益递增区停留更久，因为他们的目标虽高，但并非高不可攀，并在追求进步、争取创下个人最佳战绩的过程中，投入有效而不过度的精力。卓越主义者知道什么时候收手，而不是陷入对完美无休止的疲惫追求。

卓越主义不仅帮助人更积极有效地工作，更能提高人们创造成果的质量。在2012年的一项研究中[11]，研究人员首先对将近2 000名本科生的卓越主义程度进行了评估——看他们是否给自己设立高标准，同时为犯错留出空间。然后，研究人员让这些学生完成标准化任务，这些任务对不同层次的创造力进行了探测——从给卡通画想出诙谐的标题，到为真实世界中的真实冲突提出新颖的、高质量的解决方案。在高层次创造性任务上，学生们的卓越主义程度对他们完成任务的质量有预测性，而在低层次任务上没有。换言之，卓越主义程度越高的学生，提出的解决方案质量越高。在最关键的问题上，比起完美主义，卓越主义反而让人表现更优秀。

托马斯·爱迪生曾说："我没有失败。我只是发现了一万条行不通的路。"这便是由焦虑推动的卓越主义在生活中的实际典范。卓越主义的关键在于有能力看到，一个可能性失败了，另一个可能性的大门便会打开，让我们迈向更宏大、更有创造力的成就。

未来的召唤

许多人能做到听从焦虑的召唤，并利用焦虑达到自己的目标。这些人的长处之一，甚至是天分之一，是始终记得未来既不可知也不确定，并努力走出自己的舒适区，构想和创造前所未有的成就。即使焦虑变得更严重，感觉像要被其淹没时，这些人也能跳入焦虑的河流，向未来游去。

正如取得了巨大成功的科技企业家们，尽管对他们的批评之声不绝，这些批评我们暂时放在一边，但他们的成就不可否认，而这些成就的共同点是对未来不折不扣的关注。以2021年亿万富翁的航空竞赛为例，这一年，理查德·布兰森、杰夫·贝索斯和埃隆·马斯克三个商业火箭公司的老板竞赛，看谁的火箭首先做到环绕地球。如果他们这么做的目的是鼓舞疫情中的人们，那结果完全背道而驰：多数人把他们的飞天经历看作富豪寡头无比奢侈的航空"飙车"。但这场竞赛同时也显示，一些人向未来看去时，只希望看到稳定的现状，另一些人则看到驱动他们的机遇。特别是马斯克，在塑造未来方面投入了大量精力。他眼中的未来如同科幻——将人类送往火星、创造植入型脑机接口、防止邪恶人工智能掌控世界。无论你对马斯克或者其他企业家有什么看法，这一点毋庸置疑：无论他们的愿景是好是坏，他们都在突破当下可能性的界限，创造他们希望看到的明天。无论今天的他们因什么而焦虑，他们的注意力、精力和一笔巨资都瞄准于未来。

回到现实生活中，人们无时无刻不在利用焦虑做出关于未来的决定。这些决定可能没有航空旅行或者脑机接口那么宏大，却有潜力对人们的生活产生切实的积极影响。在亚拉巴马大学的一项研究中[12]，研究人员对心脏移植手术后坚持参与后续护理的人的性格进行了研究。病人术后恢复与预后如何，是否参加后续护理是重要因素，但大多数病人对医生建议的后续疗程与评估只参与一部分，一些人甚至完全不参与。很多医疗人员的经验是，大多数病人不坚持治疗的原因，是他们对健康的焦虑：病人担心医生会带来病情不乐观的消息，于是干脆不去见医生。但是自欺欺人不是个好策略。坚持治疗是必须的，而预后的不确定性带来的焦虑，我们需要去承受、去应对。这份焦虑甚至能激励我们加倍努力照顾好自己，这也正是上述研究的结论。有一定焦虑情绪但又不极度焦虑的人，移植术后听从医生建议坚持进行后续治疗的可能性更大，因而存活率也更高。在这个例子里，利用焦虑做出关于未来的决定，说不定是救命之举。

焦虑即自由

如果说事物的动荡无常是发令枪，而焦虑是助人坚持越过终点线的能量，那么创造力便是比赛本身，充满了机遇。换句话说，创造力出现在眼下这一现实与未来可能的空隙间。也正是在这空隙中，人们感到焦虑的不适，而承受焦虑，倾听焦虑所言，则帮人规划未来，构想艺术作品，孵化新的想法。想创造出美好事物，躺在沙发上打盹儿是不行的。只有坚持奋斗，把自己投入现实与未来空隙中,才能取得卓越成就。空隙太大,人便会感到冲突与痛苦。没有冲突,人就没有前进的动力,只能原地踏步。人生便是一系列像这样大大小小的空隙。

之前,我描述了斯科特·帕拉津斯基博士于2007年为修理国际太空站而进行的非凡的太空漫步,但我没提到的是,这位5次上天的航空老将并非时时都如此冷静。斯科特是个名副其实的冒险家,既到过太空又征服过珠穆朗玛峰,是少数中的少数。但对洞穴冒险——可以说恰与攀登高峰相反,他非常恐惧。走入黑暗的洞穴深处让他感到幽闭恐惧。这是他个人的挑战,他个人的大空隙,是让他感到最强烈、最难受的焦虑的地方。

能把焦虑用好、用出创造力的人皆如此。他们并不喜欢焦虑,也不是在所有情境下都能驾驭焦虑。这都没关系,因为在生活中的一些关键和重要领域里,他们能借助焦虑的帮助创造新事物,并从焦虑中感到(如克尔凯郭尔所说)一股自由的晕眩[13]。他们从焦虑中感到无尽的创造的可能性,并向其靠近而非远离。

第 9 章
孩子不脆弱

如果一种焦虑，如光如云影掠过你双手，掠过你一切所为，请一定这样想：这是有事在你身上发生，这是生活没有把你忘记。它把你握在手中，它不会让你倒下。

——莱纳·马利亚·里尔克，
《致一位青年诗人的十封信》[1]

我儿子卡维9岁的时候，我想，是时候让他学会骑自行车了。他是在城里长大的孩子，所以尽管从4岁起他就总是骑着滑板车在曼哈顿市区乱窜，但从没骑过自行车，这让我有些担心。他是不是在错过一个理想的童年？他的伙伴骑着车像电影《七宝奇谋》里那样四处探险时,他会不会被落下?于是,那个夏天,我们在纽约州北部度假的时候,我知道这是教他骑车的好机会。我车库里存着一辆20世纪80年代制造的"小鬼"牌小轮赛车。相信我,这种自行车,现在已经很少见了。比起今天孩子们骑的超轻自行车,我的这辆小轮车堪称猛兽——结实、很重,像个坦克。用它学骑车,不容易。

尽管这车不好骑,卡维却一上来就骑得不错,可他自己感觉糟透了。他不停地抱怨,说太难太累了。他开始叫苦,问:"我摔倒怎么办?"最后小声嘀咕道,"我怕。"我没心软,叫他继续练。我轻描淡写地说:"噢,最坏又能怎样,不过膝盖擦破点皮而已。"我鼓励他说:"加油,宝贝,别分心!往前看!"我和蔼地说:"亲爱的,你能行!加油,你好棒。你真了不起!"这样坚持了30分钟以后,他看着就像个可怜的小肉球,被压力绷得紧紧的,于是我决定到此为止。我们一边爬着回家的上山路,我一边继续给他讲我的见解和建议,自以为观点独到,对他有帮助。

我们一到家,卡维就一声不吭地回了自己的房间。我叹了口气,然后拿出了手机。我刚才一直在用手机录卡维骑车的画面，拿出手机我才发现，录像一直没停。从教他骑车到回家路上我对他的激励话语，肯定全都录下来了。我想着，那我正好来听一听，没准能弄明白今天的失败是从什么时候开始的，是怎么开始的。

我要是预先知道我会听到什么，我肯定听都不听就会把录像删了。

我：嗯，好。再努把力，卡维。我都快要放弃了。我一直尽力支持你，可你却牢骚发个不停。

卡维：（凝噎着）我在努力啊。

我：你做得很好。你只是一直在抱怨。

卡维：我真的在努力啊。

我：你很厉害呢！为什么这么消极？

卡维：我不知道。我怕。

我：你不怕。没什么可怕的。你骑得好着呢，一次都没摔倒。我是不是该把你推倒一回，让你明白没什么大不了的，然后就不怕了。

卡维：（呜咽声）

我：卡维，我说老实话，你是自己吓自己。我不明白你为什么这么吓自己。

卡维：你说得对。

我：你骑得可棒了！一看你就很擅长骑车。可你总是吓自己说"我怕，我怕"。你不怕。你骑得好得很呢。你从没摔倒，连个伤都没有。

卡维：我知道。

我：我爱你就得严厉要求你。你必须得振作起来。

录像又如此继续了一分钟左右。

看完录像的时候，我满脸是泪。我印象中自己说过的话和实际大相径庭。我本想在严格要求的同时又支持孩子，可我没做到。相反，我简直是个A型人格家长的典型——不顾孩子的感受，让孩子惭愧，要求他表现出色，喊他"当个男子汉"。我知道我必须纠正这个错误，但让我不安的是"为什么"这个问题。孩子学骑车时有焦虑情绪，这无可厚非，我为什么对此不管不顾？道理我不是不懂，所以答案只有一个：我之所以想赶走卡维的焦虑，是因为他的焦虑让我自己不舒服了。我为什么会不舒服？因为孩子焦虑表示他脆弱。

幸亏，事实远非如此。

反脆弱性

人身为家长，职责何在？孩子还年幼时，家长的职责是保护他们，帮他们解决问题，保证他们有饭吃不挨饿。随着孩子长大成为青少年，家长便逐渐转变为顾问，支持孩子，给他们出谋划策，教会他们自己解决问题的本领。我的儿子和朋友打了架以后，我作为顾问，首先应该和他一起思考这件事他自己应如何处理，而不是给他朋友的家长打电话。我的女儿考了低分时，我首先要和她谈心，和她讲怎样做才能更有效地学习，才能从老师那里获得帮助，而不是主动给老师打电话，抱怨和质疑孩子的考试成绩。随着孩子长大，我们作为家长不应该越做越多，而应该越做越少，让孩子有机会摔倒，然后自己爬起来。

但环顾今天的孩子们，发人深省的统计数字不禁让人质疑，只做个顾问真的够吗？孩子们摔倒的方式有无数种，他们真的能自己爬起来吗？

首先，看看孩子的未来。先不管灾难性的气候变化，不管未来是否还会有疾病大流行的威胁，也不管令人不安的政治趋势，起码美国很多家长自己小时候获得过的保证，能不能继续向孩子们承诺：只要努力工作，就会有美好生活？可能真不行。今天美国的年轻人，比起父母和祖父母，有酬就业的可能性更低，买房的可能性更低，半数人的工资低于祖代同岁时收入，却要承担更沉重的助学贷款压力。

其次，还有孩子的精神健康。他们在挣扎。家长和学校都已敲响警钟，从很小的年龄起，忧虑和恐惧就已经在阻碍他们的学习能力、与他人相处的能力，以及仅仅作为孩子去玩耍的能力。接近青少年年龄的孩子，状况更是令人担忧。每年，18%的青少年会患焦虑症，而年满18岁的青年中，足足有33%曾患有焦虑症——仅在美国就至少涉及1 000万人[2]。问题幅度之大，孩子们自己很清楚。2019年2月，皮尤研究中心发布的一份报告显示[3]，被调查的青少年之中，96%认为焦虑和压抑在同龄人中是显著问题，其中70%称其为重大问题。他们的认知没错，因为上述1 000万年轻人在经历过焦虑症后，在成人阶段不仅更有可能持续经历焦虑症，还更可能患有压抑、成瘾和健康问题。青年时的焦虑是未来身体与精神健康虚弱的先兆。

我们把这些数据看作这一代人脆弱的表现。这有助于解释我在第4章讨论过的上升趋势：无处不在的安全空间和触发警告。我这里想说的重点不是"不要担心未来"。说实话，未来我也担心。但是，不停地保护孩子免受情感痛苦，还教他们学会自我保护，这解决不了问题。我们应该做的正好相反，因为人虽在世上饱受压力，却不脆弱。我们人类是反脆弱的。

脆弱的事物易碎，应轻拿轻放。要是某个脆弱的物品被打碎（想象一下，一个瓷茶杯从你手中滑落，掉到地上摔成碎片），那这个物品将永远不能回到原样，因为裂痕不会消失。

反脆弱和脆弱正好相反。有这一性质的事物，正因为有挑战、有困难、有不确定性，才会成长壮大。这一点上，反脆弱性与类似的概念（比如韧性、坚固性，以及顶住压力与迅速恢复的能力）不同。有反脆弱性的事物不仅在困难之下能迅速反弹，就像有弹性的树枝在暴雨中不会断裂一样；这些事物更会从随机、无序、动荡中获益。它们需要混沌才能蓬勃发展。

因此，从根本上，人是反脆弱的。

以免疫系统为例。免疫系统是反脆弱的，因为它需要暴露在细菌与病原体之中，以此挑战自己，得以学会做出免疫反应。没有这些暴露，我们就像那个活在塑料泡泡里的男孩①,没有有效的免疫系统,在开放空间中不可存活。反脆弱的系统如果没有挑战需要克服,就会变得僵硬、虚弱、无效。生活若是没有变数,始终安全而舒适,那就没有必要用精力和创造力来做出回应。骨骼与肌肉也正因此是反脆弱的:卧床一个月,肌肉会萎缩;越挑战,身体越强壮。

焦虑也是反脆弱的。我们允许自己感受担忧、恐惧、动荡带来的不适时,便是在挑战自己,同时,我们也受到激励采取行动,克服困难,减轻痛苦。因此,下次再焦虑时,我们会把情绪控制得更好。人犯大错时,正因能够承受由于犯错而感到的焦虑,才能巩固下次再犯错时坚持不放弃的能力。换句话说,发育出一个强壮的情感免疫系统的方法,正是允许自己感受难挨的情感,逼迫自己忍耐情感痛楚。一个人构造自己的人生,若是以躲避不悦情感为目标,期望消除无常与偶然,便会妨碍自己利用人的反脆弱的天性来全力驾驭人生中的挑战。

从这个角度来看,保护孩子免受焦虑,恰恰是错误

---

① 指大卫·维特尔(David Vetter, 1971—1984),先天患有严重复合型免疫缺乏症(SCID),终生生活在无菌室中,媒体报道时称他为"生活在泡泡里的男孩"。

的行为。若是没有机会锻炼如何应对焦虑的能力，孩子们就学不会在不确定性中寻找机遇，在逆境中发挥创造力。人并非生来就会控制焦虑情绪，就如免疫系统并非生来就有完善的抗病毒力。但这两套反脆弱的系统是一样的，在挑战中进步，总能找到出路。

"反脆弱"一词由纳西姆·尼古拉斯·塔勒布最早提出。他在自己的书中对其进行了美妙的描述：风灭烛而利火。人当如火，祈风旺之[4]。

这并不是说，我们应该让孩子独自面对望而生畏的挑战而不予帮助；反脆弱的炽火在情感压力与创伤的龙卷风下依然会熄灭。把孩子置于高强度、高挑战的场合之中，应与给他们提供舒适和支持相平衡。但研究证实，在焦虑问题上，我们必须让孩子感受风吹。

2019年，124名儿童与他们的家长到耶鲁医学院儿童研究中心参与了一项研究[5]。这些儿童年龄最小7岁，最大14岁，全部患有焦虑症。他们想参与的是心理治疗的黄金标准方案——认知行为治疗，因为他们知道这是最久经考验的治疗焦虑的方法。在这一疗法中，孩子们会探索自己的忧虑和恐惧，逐渐学会应对这些情绪，识别并改正无益想法（比如过于严苛的自我批评），尝试用新策略和行为来应对焦虑情绪。然而，在这项研究中，半数家长同意放弃让孩子参加这种一流疗法，转而自己参与治疗。这是一种新型的育儿疗法，其目的非常具体：使家长学会放手，让孩子们感受焦虑。

这项育儿疗法被称为"支持性养育"，全称是"针对儿童焦虑情绪的支持性育儿方式"。这一疗法的全部重点聚焦在这一现象上：对于有焦虑情绪的孩子，家长常常过度照顾孩子的焦虑情绪。如果孩子怕坐飞机，全家人便改为开车旅游；如果孩子害羞，有社交焦虑，家长便不再在家里接待朋友；如果孩子受不了与家人分离，家人们便每分每秒陪在孩子身边，甚至允许孩子不去上学。这些善意的努力名义上是为了帮助孩子，但是当过家长的人都知道，这些做法也帮助了家长自己，因为我们不忍看着孩子遭罪和挣扎，于是通过安慰孩子，我们也在安慰自己。

但这种手段往往适得其反。回避令人焦虑的场合可能一时抚慰了孩子的焦虑，但长远来看，这种照顾会阻止孩子学会自己应对类似场合。

支持性养育让家长学会允许孩子感到焦虑，以支持的态度去放手，包括承认孩子的情感，表达对孩子应对能力的信心，帮助他们度过而不是躲过焦虑场合。比如，如果有一天,索尔薇格小朋友因为不想离开爸爸而不想去上学,这个疗法教爸爸说:"我知道你现在很难过,但是你能克服困难。你会没事的。"然后还是把孩子送去学校。如果卡比尔小朋友的家人因为孩子十分害羞,只要家里来客人就躲在自己房间里不出来,结果已经不在家里待客了,那么家长要邀请可靠的朋友和亲戚来访,刚开始拜访时间短些,之后越来越长,确保每次卡比尔都出来和客人交流互动,以此让他慢慢地越来越心安,越来越自信。

改变不会在一夜之间发生,但在12个星期的支持性养育之后,这些家长的孩子中,有87%表现出焦虑情绪的显著改善与其他积极转变,这一结果和接受顶尖认知行为疗法的孩子几乎持平。通过对孩子少些照顾、多些支持,这些家长不仅帮助了孩子,也明白了孩子并没有大人担心的那样脆弱。

不是所有人都能有幸参加育儿疗法活动。但有些小事我们都可以做,提高孩子对焦虑的反脆弱性,就像是给他们的情感免疫系统打加强针。

比如说,我们可以让孩子学会与自己的焦虑情绪相处。我儿子四年级的时候,有一天他把数学作业落在了学校。他发现作业不在书包里时,一下哭了起来,走来走去，开始大口喘气。我递给他一杯水，让他坐下来。我们一起想出一个好办法：找他同学的妈妈给作业拍张照发过来，然后卡维手抄题目。

问题解决了！但也没完全解决，因为卡维之后说出了他真正担心的事情：他挚爱的Z老师还是会知道他把作业落在了学校，从而会对他印象不好。想到第二天早上要面对老师的批评，他的焦虑程度翻了10倍。他求我给Z老师写封邮件，告诉她作业他好好做了，第二天早上会按时交。仅仅说到让我给老师写邮件，他就明显平静了下来。

但让他沮丧的是，我没同意。我解释了原因——只有克服不舒服的焦虑情绪，才能学会自己对待焦虑。他不甘心。于是他一边担心着作业，一边生我的气。很快，我感到自己的焦虑程度也在上升。看着他因为我不同意而恼火，我自己也不舒服。我们一起做了个微型认知行为治疗，即探索他担心的具体是什么，谈一谈Z老师是否真的会对他不高兴，进行呼吸练习来获得内心平和，这让我们两人都稍微放松了些。尽管他稍显冷静，他的焦虑并没有消失，上床睡觉的时候他依然忧虑和担心。

第二天，他放学回家后，径直朝着我跑来，手里挥着一张纸，说道："我不讲给你听，我拿给你看！"他手抄的作业最上面印着一个大大的 A+，旁边写着"能想出办法把作业做完，真棒！"。卡维这回明白了，找到创新方法解决问题带来的回报，有时离不开尝试新事物带来的焦虑。

我本可以给 Z 老师写邮件，让他免受焦虑。我要是这么做，一定是出于好心，然后他会睡个好觉，我也会睡个好觉。但这样一来，他就错过了一个机会，学习如何忍耐焦虑带来的不适，并从中取得积极成就。就是在如此平凡的时刻中，我们对情感的反脆弱性进行着维护或破坏。不幸的是，无意的破坏正在快速成为新的常态。

情感除雪

最近 50 年来，家长对儿童的保护观念发生了转变。20 世纪 70—80 年代，远离陌生人的口号和失踪儿童运动① 逐步流行起来，并在 1979 年，曼哈顿市区的 6 岁儿

---

① 20 世纪 80 年代，美国进行的一项政治与社会运动。社会各界以下文提到的埃坦·帕茨的失踪为导火索，对失踪儿童问题进行了多年的大讨论，并最终致使许多新法案出台。在这一过程中，很多家长对失踪儿童问题开始重视起来，"远离陌生人"（stranger danger）也成了教育儿童时常用的一句押韵口号。

童埃坦·帕茨不幸失踪，成了第一个照片登上牛奶盒①的孩子后，开始加速。此后20年，许多家长感觉让孩子在没有大人陪同的情况下，在户外或者公共场合玩耍越来越危险，直至20世纪90年代末、21世纪初，与20世纪70年代相比，大人允许孩子们无监管自由玩耍的时间降低了五成[6]。至此，父母们已经内化了必须时刻监督管理着孩子的想法。这些父母成了"直升机式家长"，在孩子生活的各个方面上方悬停，从学习教育、体育运动到交友玩乐，皆如此。

21世纪，我们看到了直升机式家长的极致——除雪式家长[7]，他们把孩子路上的一切障碍强行扫清。他们就像俗语里说的那样，不是让孩子做好准备上路，而是准备好路让孩子上，哪怕这意味着违背法律。

举一个极其恶劣的例子：美国2019年大学录取丑闻[8]。数十个有钱有名的家长用作弊的方式把孩子送入顶尖大学。后来媒体揭露出，他们付给大学体育队教练数十万美元，在孩子从未参加过的体育项目上，让教练接收孩子成

---

① 20世纪80—90年代，美国一些非营利组织为鼓励民众帮助寻找失踪儿童，将这些儿童的照片印在销量很大的牛奶的盒子上，希望消费者能提供线索。到20世纪90年代末，失踪儿童广告绝大部分已发布在其他媒体上。

为队员，甚至让孩子穿好队服、戴好装备，拿着水球、帆板、划船比赛的奖杯拍摄假照片；他们贿赂考官、伪造SAT①考试成绩；他们付钱给心理医师，让他们诊断出孩子有学习障碍，从而在ACT考试上获取额外答题时间。

但这个极端例子掩盖了一个事实，那就是除雪式家长所清除的阻碍成功的绊脚石，有时不仅仅是外在的，清除掉的还有内在障碍——大人认为会让孩子变得脆弱、使孩子更不易成功的情绪，比如焦虑。这种行为，不妨想作是情感除雪。

我在教卡维学骑车时的行为，便是情感除雪。对于他的恐惧和焦虑，我的反应是这些情感阻碍了他本该做到的事，即在我心目中，他应该能轻快地跳上车，晃晃悠悠骑上几下，然后很快顺风而行。他的焦虑打破了我的愿望，所以我想把他的焦虑移开。我本来觉得对他来说很简单的事，他实际操作起来却很费力，这让我不安。他是在变成"焦虑儿童"吗？这是他未来会畏惧挑战的前兆吗？我没看明白，他感到焦虑其实是极其合理的事，包括会摔

---

① SAT 和下文提到的 ACT 是美国高中生申请大学时需要选择其一参加的标准化测试，俗称"美国高考"。两项测试均为私营，并非由国家统一组织举办。

倒，会在碎石上擦破膝盖，会在我要求他学骑车的陡坡路上控制不住速度，这都是焦虑的理由。我也没看明白，我扫除他焦虑情绪的行为，反而给他增添了一个焦虑的理由——他骑不好会让我失望。

孩子在费力应对焦虑时，对他们最善意的帮助，反而可能成为除雪行为。

2019年4月，我在曼哈顿一所顶尖的优异特长生高中，给学生家长开展了一堂关于儿童焦虑问题的讲座。这所学校录取的学生必须有超高的智商，还得在录取后保持顶尖的学习成绩，并参加一系列令人瞠目的课外活动。所以，当讲座后十几个家长围上来时，我以为他们要给我讲些关于超常儿童对学习上的高要求感到焦虑和担心这种比较常见的事，但这些家长口中描述的孩子早已不只是这样。仅仅15岁，这些孩子就开始崩溃，沉重的学习负担使得他们吃不好、睡不着，不停地自我否定（"我真笨，我不该被录取的"），强烈的焦虑情绪让孩子近乎崩溃，完全掌握的内容在考场上却答不出。

尽管这些家长来参加的是一场关于儿童焦虑的讲座，尽管他们显然非常在乎自己的孩子，为他们担心，但他们问的问题，没有几个与焦虑有关（或者与心理治疗甚至儿童情感发展有关）。相反，他们问我，补习课上多少是太多，青少年最少要睡多久，体育竞赛是否能让孩子培养坚韧意志。一位父亲说："我不想强迫孩子去上一周两次的数学补习班，去学下棋、学程序设计，但若课外班能帮他赶上同班同学，他可能就不会这么有压力了。"

这些孩子的焦虑已经完全失控，可家长们不想让焦虑成为问题的关键。我能明白他们为什么这样想：他们觉得，如果焦虑本身是问题，那意味着他们的孩子是脆弱的，一不小心就会摔成碎片，无法复原。他们的思维模式就好像我强行要求我儿子学会骑车那样。我和这些家长看到的焦虑是一种无能，而不是它的核心问题——焦虑需要人们去探索、去讨论、去克服，需要人们留心关注。更重要的是，焦虑还能帮助孩子前进。

奇妙的青少年大脑

约瑟夫是一名大二学生，最近很忙。大一的时候，他成立了一家非营利组织，清理海洋中的塑料碎片垃圾，今年他又用自己的程序设计能力帮助学校改进危机求助热线的短信平台。问起他接下来打算做什么，他列出了许多种可能，小到给他的好朋友办一个惊喜生日派对，大到成立一家科技初创公司。尽管他聪明又有志向，他对青少年大脑的看法却和许多人相同："我上过神经科学课，知道我的额叶还在发育，所以当我沮丧或者感受到压力时，我不总是相信自己做出的判断。"

约瑟夫在无意间重复了一种叙述，这种叙述已经渗透一般人对青年的看法——青年人的额叶尚未成熟，不能控制自己的驱动力和激情，所以情感过分强烈，时常冲动冒险。这种看法和青年人"激素肆虐"的早期想法相结合，很容易得出结论，青年时代是个脆弱的时代，不可避免地像狂飙突进运动①一般让情感战胜理智。

然而，青少年大脑远非不成熟、不可控，它的发育方式带来的优势比我们一般认为的要多得多。

仅数年前，科学家们还在推测，大脑在结构和功能上的主要变化局限于产前时期和产后前几年。现在我们知道这种观点是错误的。实际上，在青少年与成年早期（12—25岁）大脑还在进行着大量基础发育与重组[9]。这

---

① 德国18世纪末文学界与音乐界的一项运动，特点是强烈情感的自由表达。运动的名称来自德国剧作家克林格尔1777年的作品《狂飙突进》(*Sturm und Drang*)。

意味着，直到25岁左右，人的大脑才发育成熟进入成年。但什么样的大脑才算是成熟呢？

大脑的发育主要来自灰质和白质的变化。灰质由脑细胞和其间的突触连接构成，而白质则由轴突构成，这些轴突使大脑外层的神经元，比如前额叶皮质，与更深区域的神经元（比如边缘系统）得以迅速沟通。随着大脑的成熟，灰质越来越稀疏，白质越来越多。这是因为，神经回路的出现与完善要依靠修剪，脑细胞间不使用的连接——灰质——被消灭，以此增强有用、有效的神经回路的力量，做我们想让这些回路做的事。

用则进，废则退。我上高中时学过一点意大利语，但此后再没复习过这门语言，于是我脑中当时形成的有关讲意大利语的连接，逐渐都被修剪掉了，以至现在我只记得Grazie mille（"多谢"）和Prego（"请"）。这就像把树上的枯树枝修剪掉，好使其更茁壮成长，或者把手机上不用的应用程序删掉，好让手机运行得更快。这不止是个比喻。《自然》杂志2006年发表的一项研究显示[10]，在高智商的儿童里可以看到，他们的灰质较普通人更早生长，然后到青少年早期迅速变得稀薄。

人类大脑最先成熟的区域，是支持五官感觉和协调身体运动的感官与运动系统。继而成熟的是边缘与奖励系统，即所谓"情感中心"。最后成熟的部分位于前额叶皮质，即大脑的"控制中心"，这一部分帮助我们做出安排、理性决定、衡量风险、推迟满足、调节情感。青少年大脑中，情感与控制中心发育得不平衡，我们应该怎么解读？一般人会这么想："可怜的年轻人！他们只能用'情感大脑'来思考，不像成年人可以用'理性大脑'来思考。"

大错特错。虽然发育不一致，额叶与边缘系统间的力量平衡却在不停变化。有时"控制中心"坐上驾驶位，于是青少年能完全理性地做出计划和判断，服从规矩，躲避危险。其他时候"情感中心"更为主导，于是青少年对所谓"三R"——风险（risk）、回报（reward）、人际关系（relationships）——的优先考虑程度高于一般成年人。这意味着青少年对生活中的情感信息威胁与奖励、爱与恨、不确定性和新鲜事物的反应更频繁，也更剧烈。但这种力量的变化是把双刃剑。它让青少年处事变通、快速适应变化、快速学习、捕捉周围的社交与情感信号时，这是优势。但有时它也会成为阻碍。

比如冒险就是个好例子。因为青少年大脑中情感与控制中心的不平衡，他们比成年人更乐意冒险——哪怕和前额叶皮质更欠发达的幼儿相比，差距都没有这么大。但这种冒险行为，我们只会在特定情境下观察到。情境之一是涉及他人的时候。在2005年的一项研究中[11]，青少年（13—16岁）、青年人（18—22岁）和相对成熟的成年人（24岁以上）进行了模拟驾驶，在模拟测试中，研究人员让他们把车径直往前开，直至信号灯变红，同时出现一堵墙。如果他们反应太慢，刹车晚，就会撞墙，被扣分。一些人独自参与了测试，另一些人则和两个同龄人同行，三人一起参与。猜谁撞墙最频繁？答案是青少年——但只有在和同龄人搭伴的时候。成年人则在独自驾驶与结伴驾驶时表现无异。

从进化论的角度来看，年轻的青少年在与同龄人搭伴时会冒险的这个"问题"，其实不是什么大问题。确实，愿意冒险、愿意结交社会关系，对于到了青春期早期便基本可称为成年人的史前人类来说，是个无价之宝。换句话说，这些人类一到能生育的年龄，便进行了生育；他们离开了家庭的保护去成立自己的新家庭，承担了造福部落的重任，并闯荡天下去探索和学习。各个部落都想尽力繁衍生息，而大多原始人类寿命不过40岁，所以若是没有青春期的冒险行为，部落会遭受严重的有才人口不足，就像今天的人才流失现象。没有冒险行为，谁会去探索新天地，结交新朋友？谁会去领导大家进行危险的狩猎采集任务？谁会琢磨出，火能造物，也能毁物，并教会他人利用火的力量？在这类目标前，成年的大脑，由于对风险与回报的偏好减退，加上对变化的适应变慢，适应程度远不及高速运转的青年大脑。

有意思的是，人类大脑的这种交错式发育，和非人类的灵长类动物非常不同。举例来说，猕猴和黑猩猩与人类一样，在出生时大脑尚不成熟。但与人类不同的是，这些灵长类动物大脑皮质的所有区域以相同的速率变得成熟[12]。进化生物学家会说，人类与其他灵长类表亲的这种分歧，必然给我们人类创造了优势，并支撑我们身上一些人类特有的性质。

确实，青少年大脑虽奇妙但并不完美。可能与之最匹配的是史前人类，那时的青少年被看作独立的成人。但有风险的地方也有机遇。青少年大脑并非异常，亦非不理性，而是个宝库，其中藏有接受挑战的勇气、创新而独辟蹊径的思维模式，以及建立人际关系的技能。可是这些优势往往在孩子们正费力把事情想明白的情境下出现。青春期正是精神疾病最高发的时期，焦虑症的发病率正值最高点。但焦虑大脑背后的这些神经回路，恰恰也让青少年了解社交世界、形成良好人际关系的能力得以提高。

以16岁的玛丽为例，有一天，她到我的实验室参加一项有关焦虑的研究，在与我交谈时她总是看向别处。我努力用轻松的语气向她提问，她却每次只回答一两个字。但是，慢慢地，她开始放松下来讲自己的故事，告诉我她最近6个月来多次惊恐发作，还和我分享了一个故事，故事中她正因为担忧和紧张，才成了一个称职的朋友。

玛丽最好的朋友西尔维娅当时已经忙了一星期，每天要做数小时的功课，还要参加两个小时的课后体育训练，这种日常让她没有时间和朋友相处。终于到了一个周末，她抽出时间和玛丽一起喝奶昔时，玛丽发现西尔维娅表现烦躁，在谈起上周六的一个聚会时，她总是看向别处。西尔维娅还用了一般敷衍大人时才用的假笑——这是一个巨大的警告信号！玛丽看着西尔维娅、听着她讲话时，自己的焦虑情绪也开始上升。她确信有什么事不对。于是，冒着惹西尔维娅生气的危险，玛丽追问她到底有什么事没说。玛丽没猜错：实际上，西尔维娅不仅和男朋友分了手，而且分手原因是男朋友在上周六的聚会上曾试图强迫和她发生性行为,她用尽全力才勉强阻止男友。西尔维娅不知道现在该做些什么,该跟谁讲在她身上发生的事。玛丽陪伴着她,一起帮她想接下来要采取什么行动。很大程度上,正是因为玛丽焦虑的青年大脑,才使她能看出朋友的挣扎,并提供对方需要的支持。

少些完美,多些勇气

想到年轻人的脆弱,很多人会认为,女孩在年轻人中最为脆弱,尤其在焦虑方面更是如此。确实,虽然男孩和女孩在儿童阶段表现出严重焦虑的可能性基本相等,但到了青春期以后,女孩被诊断出焦虑症的可能性是男孩的两倍——这个差距在女性的一生中持续存在。关于这种现象归咎于何,有很多猜想与争论,有人说是因为女性生理差异,有人说要怪社交媒体。但有一个因素是无可争议的:很多女孩从小就被教导,长大要成为"完美佳人"。

完美佳人体现了一个理想女性的特质——不仅聪明、漂亮、有成就,而且厨艺也不差。坚强而又温柔,讲话细声细语,从不插话,做事直截了当却不炫耀。当完美佳人长大以后,通过自己的勤劳打破"天花板",在决策桌上获得众人羡慕的一席之地时,她仍然要应付其他人各种互相矛盾的期望:要表现得有信心、有力量,但又不能显得尖锐;要努力加班加点工作,却也要奉献于家庭。

这些苛刻而复杂的消息,幅度之广,强度之高,直接把女性放在完美主义的准星之中,让她们时刻处在失败的峭壁上——这种期望,谁能不负?而且,如前文第8章所述,与卓越主义不一样,完美主义的核心不在于追求高成就,而是在于躲避失败。完美主义者认为,他们自身的价值完全寄托在自己所达到目标的完美程度上,任何失败都将摧毁自我价值。

遗憾的是,完美主义在女孩中并不罕见。澳大利亚2006年的一项研究发现[13],在409名青春期女孩中,96人(不到1/4)被归为有不健康的完美主义倾向。弱势群体中长大的女孩也不能幸免,依然承受追求完美的压力。2011年的一项调查显示[14],在来自低收入家庭的661名青春期早期儿童中,超过40%表现出高度自我批评的完美主义。这种思维模式还代代相传。伦敦政治经济学院2020年的一项调查显示[15],完美主义家长的孩子——不管是男孩还是女孩——更可能也成为完美主义者,尤其是那些认识到父母的爱与赞赏是以自己的成就为条件的孩子。

在今天的年轻女性身上，这种完美主义如何具体表现？我们来看一个"完美"的案例，15岁的安娜贝勒。

安娜贝勒在一所学风严谨的高中就学，成绩在年级中始终名列前茅。虽然她刚读高二，却已是校排球队的一颗明星，还是县青年乐队的单簧管首席，而且刚开始和学校里最受欢迎的男孩之一谈恋爱。

局势在她来见我的两个月前开始变化。在最难的两门课上，她开始无法集中注意力，每周至少有好几次严重的头痛情况。尽管她每晚学习好几个小时，但读过的东西一半都记不住，成绩也开始下滑。她在家几乎每天和弟弟吵架，自己在房间里独处的时间越来越长。她不是唯一一个如此挣扎的学生。同年级的一些女孩在社交网络上读到有关自我伤害的行为时，约定一起照做，包括用刀划自己的皮肤、用火烧自己等行为。她们邀她入伙，跟她讲，有压力时，尤其是因为作业和考试而焦虑时，划自己就会感觉好些。她一直没参与，但也没拒绝邀请。

这种情况是个滑坡。女孩子常为成为完美佳人而刻苦努力。她们常会成功，于是时刻因成就杰出而受到表扬——从成绩优异到貌美如花，从举止甜美到在排球场上毫不手软。但这些成就很快从杰出变成日常，成功的标准不停地提高。[16]

其他背景出身的学生可能更难达到成功标准。比如，在美国，一项关于黑人特长女生的研究显示[17]，2012年，黑人女生中只有9.7%被认为有天赋与特长，而白人女生中这一比例则为59.9%。在9.7%这一低比例上再加上一种叫刻板印象威胁的现象（大多数人对某个人进行评判时，常将对其所在群体的负面刻板印象，比如智力低下，加之于个人之上），如此一来，压力或让人无法忍受。

可是，如果社会架构促使女孩成为完美主义者，这就意味着同样的架构也促使她们成为卓越主义者。毕竟，在大多数学科上，女生的平均成绩高于男生。每年高中毕业生里排名前10%的学生中女生比男生多[18]，女生平均有比男生更高的平均成绩绩点，且比男生更有可能在高中时选修大学先修课或荣誉课程①。这种情况不止在美国出现。2018年一项对国际数据的分析显示[19]，在被研究的70%的国家里，相比男生，女生取得的学习成绩更加优秀——无论这些国家的性别、政治、经济、社会平等状况如何。

---

① 美国高中为优等生设计的课程，比普通课程难度更高，内容更多。选修荣誉课程与先修课有助于申请更知名的大学，有的甚至可以计入大学学分。

完美佳人这种压力，我们该怎么消除呢？是不是该教女孩承担更多风险？毕竟我们就是这么教导男孩的。数十年的研究显示[20]，在"男孩比女孩更不易受伤"这个想法上，成年人不仅心里这么想，而且实际对待孩子时也如此。游乐场里，孩子们在荡秋千、滑滑梯、爬攀爬架，观察一下旁边的家长，对男孩，家长更可能说："你能行！"而对女孩，家长更可能提醒道："抓紧，别摔下来。"孩子从中汲取的经验教训，不止用于游乐场和童年。读者可能听说过这样的统计数据：男性找工作时，只要符合60%的资格就会申请该职位，而女性则在满足几乎全部要求时才会申请。这项研究来源于惠普的一份内部报告，这份报告虽经常被引用，但并没有探索女性不申请职位的原因。他人的后续研究，包括2014年在《哈佛商业评论》上发表的一份报告[21]，对此进行了更深的挖掘。研究员分别问女性和男性，假如他们选择放弃申请一项自己不太符合资格的职位，是出于什么理由？女性这样回答的可能性是男性的两倍：我不想把自己置于终将失败的境地。

申请我们无法胜任的职位，不是明智之举，但是不做好120%的准备就不下手，也不是明智之举。作为家长，更好的解决办法是，使用卓越主义的思维来帮助女孩和男孩。追求卓越而不是完美：做好刻苦努力的准备，工作职位只要觉得差不多可以胜任就去申请，在工作面试上争取优异发挥，然后别忘了从攀爬架上跳下来。尤其对于女孩，大人们要帮她们从完美佳人的道路上走下来，让她们少些温婉完美，多些奋勇拼搏。

我的女儿南迪尼还在上学前班时，我带她去我的实验室参与一项研究的培训课程。她是我的小被试。我的研究助理们正在学习如何进行一项名为"完美圆圈"的实验[22]。这个实验历史已有数十年，其目的是让孩子感到受挫，然后观察他们如何反应。看起来简单（我们就是让他们画个圆，一个完美的圆），但这实验远没有你想象的那么简单。

"南迪尼，帮我做件事好吗？"我问道，"我需要你画一个绿色的圆，最完美的圆。给你纸和蜡笔，去试试看。"像大多数4岁孩子一样，她很开心地画了个圆，画得还不错。但是实验要求我们跟她说："嗯……画得不太好，有点尖。再画一个。"她又画了一次，满怀期望地抬起头，自信她这回画得没错。"嗯……还是不太好。中间这里有点扁。再画一个。"这次她对我挑了挑眉毛，但她决心一定要画好，于是又画了一个。"嗯……不太好。太小了。

再画一个。"

这项实验要求计时正好3分30秒，然后停止。一个可爱的小朋友，一共也没掌握几项本领，我却在她自以为已经掌握的一件事上必须说她做得不好，这令我度日如年。在这难熬的几分钟里，很多孩子一直尽职地画着圆，但是挫折感却溢于言表（就像在说："你画个好的给我看！"）。另一些孩子会苦恼、流泪。一般我们不等到孩子哭便会停止实验。少数孩子甚至假装自己很高兴并反复画着圆，这些孩子是讨好型人格。

我的女儿呢？南迪尼反复画着这个该死的圆，但最后终于转过身来说："妈咪，我知道我在帮你做研究，但是我觉得这个圆够圆了，挺好看的。咱们干点别的好吗？"瞧，我女儿可是未来的卓越主义者。

一个巴掌拍不响

卡维学骑车的故事后来发生了什么，我还没讲。

我们一到家，他就上楼去了自己的房间，显然因为学骑车的事感到苦恼。几分钟以后，我叫他下楼，和我一起坐在厨房餐桌旁。

我深吸了一口气，在手机上按下"播放"键。我们一边听着，他一边看着我的脸色开始发白，眼睛开始有些湿润。

"怎么了，妈妈？"他问道。

"宝贝，对不起，"我说道，"我想让你听听，让你明白这都是我的不对。你感到担心害怕是合理的，因为你第一次骑车，摔倒是很可能的事。这种情境下你感到焦虑，其实很明智。我和你讲你不该害怕，是我犯了个大错。对不起。你没有做错任何事！并且妈妈爱的就是你真实的自己。"

我最后把罗杰斯先生和比利·乔尔两个天才各自的名言合并在了一起①，这句话起了大用。他放松了紧张的小肩膀，看着我的眼睛，从我把"小鬼"牌自行车推出车库以来第一次对我笑了笑。

好消息是，孩子们和我们这些不完美的家长一样，他们的情感免疫系统能应对生活（和我们家长）给他们带来的大多数挑战。他们甚至还会因此茁壮成长。还有一个

---

① 罗杰斯先生是美国 20 世纪 70—90 年代著名儿童节目《罗杰斯先生的邻居》的主持人，1968 年节目第一集里唱的一首歌叫《我喜欢这样的你》。比利·乔尔是美国 20 世纪 60 年代出道的一位歌手，1977 年发布的一首著名单曲叫作《你就是你》，又译《最真实的你》。作者和儿子讲的这句话刚好把两首歌的标题混在了一起。

好消息是，焦虑是家长和孩子间的一条双行道——一旦我们发现孩子们的焦虑情绪并不会伤害他们，我们会发现自己的焦虑情绪可能也如此。

不久之后，卡维学会了骑车。他有时骑得晃晃悠悠，但我不介意，他也一样。我和他一起面对了焦虑，因而一起变得更坚强。

第 10 章
正确地焦虑

> 谁学会了以正确的方式焦虑，谁就习得了生存之道。
> ——索伦·克尔凯郭尔，《焦虑的概念》[1]

借着焦虑的守护圣人这句名言，我们回到本书的开始。学会正确地焦虑，哪怕它令人不舒服——这是本书的目标。

读到这里还没放弃的读者，大概是能感到"学会正确地焦虑"这句号召对你个人的意义，因为你在人生某个阶段遇到了一个无可回避的事实：焦虑是件难事。焦虑不仅让你心里不舒服，有时还让你过不了自己想过的生活。

本书至此为止，对于如何正确焦虑，还没有提出具体建议：没有任务列表，没有家庭作业，没有需要牢记于心的治疗策略。然而，我确实做过承诺：只要你敢于质疑自己对焦虑的认识——焦虑是什么、不是什么，焦虑有什么好处，又如何影响你的生活，那么，你的新思维模式就会彻底改变自己对焦虑的体会，你也会因此创造出更美好的人生与未来。

不要误会：想转变思维模式，没有固定操作流程可循。但我确信，思维模式的改变会引发一个强大的变化，帮你用全新的眼光审视世界，做出不同选择，尝试新鲜事物。想做到这点需要努力。读到这里的你，一定考虑过做出这份努力。

在最后一章，我会提供3个基本原则，助你开始学会与焦虑做朋友。这些原则是本书至此全部内容的提炼，也是具体的行动步骤，在焦虑成为困惑、负担和阻碍时，帮你继续前行。

请注意，这些原则不是诀窍，也不是策略。策略本身没什么不好：关于焦虑，各种信息渠道上有很多优秀的技巧和方法。但策略的问题是，它想让人克服焦虑。

这些原则却不同。下述3条原则明确指出，我们的目的不是要克服焦虑，而是要理解焦虑在告诉你什么，然后利用这个信息把生活变得更好。

这3条原则是：

1. 焦虑是关于未来的信息，要听。
2. 无用的焦虑，暂时把它放在一边。
3. 有用的焦虑，利用它去实现一些目标。

焦虑是关于未来的信息，要听

究其根本，焦虑是一团密集而有力的信息。它把身体感觉（如心跳加速、喉咙紧绷、表情痛苦）和有时如山洪来袭般的一连串想法与观点（如担忧、心理预演、思考问题该怎么解决）相结合，把人的注意力聚焦于重要的事情上。焦虑告诉你，坏事可能尚未发生，你还有时间、有能力解决问题，得到想要的结果。因此，焦虑显示着希望。

但为了做到这点，焦虑必须让你不舒服，从而让你聚精会神。焦虑的信号有如一股电流，提高你的注意力和自驱力，帮你缩小你与目标之间的距离。这种独一无二的情绪，能让人有效地聚焦未来，同时关注威胁和回报，并朝着目标一直努力。所以，焦虑是个有用的情绪：它让你的注意力全部指向目标。

讽刺的是，虽然焦虑带来的不舒服促使人关注对自己重要的事，但这份不舒服也让人很难分辨它在说什么。我们总想避免难受，除非我们养成一种习惯，每有这种情绪时，先好好感受和分辨它，再把它赶走。

所以，在倾听焦虑的问题上，好奇心是我们最好的朋友。

我不是说我们应该想要焦虑。这本书的书名不是"爱上焦虑"（虽然我考虑过这个书名），因为不是所有焦虑情绪都有用。但你以何种心态面对焦虑所带来的痛苦，很大程度上决定着这份痛苦会有多不舒服，决定着你能承受多少痛苦，又能利用这种痛苦做些什么。

所以说，我们不用爱上焦虑，甚至不用喜欢焦虑，对其保持好奇心就够了。

这句话乍一看可能说不通。一个在伤害你的东西，如何对其保持好奇心？但是焦虑并不危险。你若能带着好奇心去接近它，就会明白它很安全。你会发现，对焦虑情绪大可放心去观察研究，许多事情也会因此发生改变。

回想第1章提到的特里尔社交压力测试[2]。测试中，有社交焦虑的人需要做一些困难任务，例如公开演讲或者做复杂的数学题，同时被不友好的陌生人评判。测试开始前，研究人员告诉被试，他们在表演时因焦虑产生的自然反应，如心跳、喘息、反胃，其实是身体正在给自己增加能量，为面对困难任务做好准备的征兆。有些人很难接受这一说法，因为有种现象叫焦虑敏感性——这是一种认为焦虑情绪只要出现就对身心有害的观点。在这项研究中，研究者纠正了这一观点，告诉被试焦虑是一种能帮助他们全力发挥的健康情绪，并鼓励他们以更好奇和重视的心态对待即将体验的不适情绪。

这一招很奏效。

相比没有被告知焦虑是有益情绪的被试，被告知的被试生理反应更加健康。他们血管更放松，心跳速度也更慢。因为血压的升高和心脏的加速跳动会缓慢损害身体，这项研究表明，当被试不再认为焦虑是有害情绪时，焦虑产生的损害就降低了。他们的身体反应更像是健康人在困难任务中努力取得成功时产生的反应。

想辨明焦虑带来的信息还有另一个关键方面：关注焦虑什么时候加重、什么时候减轻，甚至完全消失。换言之，人的焦虑水平是浮动的。往往在一个挑战性时刻的开端和做事中途遇到阻碍时，人的焦虑达到高峰，而当克服障碍完成目标时，焦虑基本会消失。焦虑的消失同出现一样是重要信息。焦虑消失意味着你可以松口气、放松了。在这一点上，焦虑很像身体疼痛——在强迫你采取行动保护身体时极其有用，如手在碰到热锅时会迅速缩回；在疼痛消失时同样有用，告诉你危险已经过去。对焦虑情绪保持好奇，意味着要全程仔细倾听它在说些什么：什么时候开始，什么时候变化，什么时候安静。

想对焦虑更加开放、更加好奇，我们必须重新思考"焦虑"这个词的含义。

为什么呢？我们先看看今天人们描述焦虑时使用的语言。"焦虑"这个词现已四处可见。对网络上文字的分析表明，今天的人们写下或者说出"焦虑"这个词的频率是40年前的10倍。从这个意义上讲，"焦虑"已成为新的压力。我是20世纪80年代长大的人，那时"压力"一词正频繁挂在很多人的嘴边。要是有人问我"你好吗"，我如果没说"我很好，谢谢"，十有八九会说，"嗯，还行，就是有点压力"。"压力"是所有大大小小不愉快感觉的统称——疲累、不知所措、愤怒、担心、害怕、伤心,甚至喜悦的场合也会有"压力"。"你婚礼筹办得怎样了?""哦,挺好的,就是有点压力。""你手术恢复得怎样了?""压力不小,但是我会熬过去的。"

今天,"焦虑"已取代"压力"成为情感语言中所有不悦情感与不确定感的代名词。做报告会焦虑,去相亲会焦虑,开始一份新工作也会焦虑。从对事物的恐惧到愉快的期待,这个词像变形虫一样吸纳了两者之间的一切情感。尽管如此,只要一用"焦虑"这个词,我们的所言所述便被负面光环笼罩,充斥着危险和些许不对劲。其中部分原因是,英文中缺乏描述不同焦虑间细微差别的词汇。

不是所有语言都如此。很多语言中,健康的焦虑与有害的焦虑用词并不相同。讲柬埔寨高棉语的人,经常会感受到khlach(恐惧)和kutcaraeun(担心)。但此外还有khyalgoeu,字面意是"超负荷的风",指一种类似惊恐发作的体验——危险的昏厥加上心悸、眼前模糊、气短。一些讲西班牙语的文化里,ataque de nervios(神经冲击)包括不可控的叫喊、哭泣、身体颤抖,一股热气从胸中和头上升起的感受,游离体验,以及语言和行动上的好斗。但令人痛苦的焦虑和对未来的期盼用的是不同的词:痛苦是la preocupación和la ansiedad，热切期待则是el afan。

我并不是想说讲高棉语和西班牙语的人经历的焦虑有害程度更低——也许事实可能确实如此。我想说的是，在英语里，医学科学中最常使用的"焦虑"一词，其含义覆盖面甚广，既包括日常里人们对未来的期盼，也包括临床心理障碍。这种不精确使焦虑情绪更难抵抗、更飘忽不定。

来自杜克大学全球健康研究所的多名精神健康专业人士在尼泊尔工作多年后以亲身经历发现，在焦虑问题上准确使用语言非常重要——用词不当时常会有意外后果。那里的心理治疗师一度常把"创伤后应激障碍"翻译为maanasik aaghaat，字面意为"大脑休克"。然而在尼泊尔、印度和巴基斯坦，dimaag（大脑）和mann（心念）之间有重要差异[3]。Dimaag是纯物理概念，类似肺脏、心脏等其他器官。如果dimaag受了损伤，人们一般认为这种损伤是永久性的，不太可能恢复。相反，如果mann在经历痛苦，人们一般相信心灵和意念可以恢复治愈。在尼泊尔的乡村，因把患有创伤后应激障碍的病人诊断为"大脑休克"，心理治疗师在无意间误导病人认为他们的病没救了，很多人在悲痛中放弃了治疗。这个故事之所以是悲剧，一部分原因在于这个令人痛苦的误解本来只需调整一下表述焦虑的语言即可避免。

当你开始对焦虑感到好奇，开始留意自己是用哪些词来描述焦虑情绪时，对其进行倾听其实不需要复杂的技巧。放心，你有能力听懂焦虑想和你说的话，而且和其他感情一样，焦虑终将消失。但趁它还没有消失时，用心体会自己的想法和感受——能量涌向全身时的那种微颤、热切的渴望、窒息的畏惧、短暂的自我怀疑后又逐渐增强的自信，相信自己终究能够成功。就其本质而言情感是需要目的和方向的能量，终会从焦虑变成希望，从担忧变为好奇。你知道焦虑不会永驻不散，所以你大可放心去对其进行好奇的观察。

也去听听他人的焦虑吧。你对焦虑的开放态度，只从字里行间流露出来就会有不小的影响。和家人朋友寒暄时，如果不去有引导性地问"你今天都顺利吧"，而改为问"你今天怎么样"，整场对话会由此改变。这种中立的问法不假设也不期盼某个特定答案。开放式问题不会给对方带来压力，让人可以自由回答，不必非得高兴地说"今天可好了！"这样的话。无论答案是好是坏，是怀有忧愁还是充满希望，你都可以好奇地去跟进，说"然后呢"、

"这件事让你有什么感觉"或者"我理解你"。让情感顺其自然,不要加以评判或阻拦,也不要当时去考虑问题该如何解决。这样做会提高你倾听焦虑的能力,并帮助你关爱的人学会倾听焦虑。

无用的焦虑,暂时把它放在一边

我在本书的大多数章节里反复劝导大家,对焦虑情绪不要抑制,不要害怕,更不要否认或者厌恶。我说过,焦虑情绪里蕴含着宝贵的信息,学会倾听便能增长智慧,更加了解自己,也更加了解自己在乎的事情。焦虑是一种特殊的情感,能帮你通过做必要的事来改善生活。

这话不全对。

焦虑不是每次出现都有益而又易懂。有时它带来的启示需要很久才能看清,有时它是毫无意义的,情感强烈却看不到任何有用的信息。

所以认识到这一点很重要:焦虑分为两类,有用的和无用的。这两者怎么分辨呢?

比如,你早上起床的时候心里惦记着女儿学校那边还有个严重问题,惦记着工作上各种截止期限,惦记着那台破冰箱真的不换不行了。你努力不去想，思绪却止不住地萦绕在脑海中。这种担心是明确的信号，告诉你什么事情在困扰你，督促你采取具体明确的行动。

这是有用的焦虑。

除此以外，还有无用（或者说是暂时无用）的焦虑，一般分两种情况：要么在焦虑的问题上没有可以采取的合理行动，要么情绪虚无缥缈，不指向任何具体问题。有焦虑情绪却不能采取行动时，人会感觉失控。你不知道该采取什么行动来缓解你的焦虑和解决手头的问题。就像去医院做活检，在拿到检查结果前你什么也做不了。这类焦虑情绪容易让人感到无助而不知所措，然后陷入极度忧虑忐忑的恶性循环。

而虚无缥缈的焦虑，则是一种模糊的情感，很难分析出到底是什么问题需要关注，需要采取什么措施，甚至是否真有问题需要关注。比如，正常生活中，你的头脑深处会出现一种持续而有害的恐惧感，如同世界偏离了轴心，可你想不出为什么会有这样的感觉。随着时间的推移，焦虑的起因可能会逐渐清晰，变得可以应对。又或者这是个错误的警报——有烟无火。焦虑情绪并不完美。人会犯错，情绪也会。

无论是哪种情况，你能做的只有把焦虑暂时放在一边，暂时先做点别的。放手，让焦虑走开。

这并不是说你应该抑制焦虑或者尝试将其消除，而只是说暂时从焦虑旁走开，去做些别的事情。焦虑会等着你。等你回到它身边时，你可能会发现解除痛苦需要做的事情，你已经做完了，或者你会发现这场焦虑其实并没有主题——错误警报而已。

数十年的研究表明，放手让焦虑离开的最佳方式是培养能让自己慢下来并沉浸于当下的兴趣爱好。我在被焦虑淹没时，可能会去读自己最喜欢的诗歌，或者去听能带我进入另一个世界的乐曲。我会去散步，欣赏自然世界的美丽，仰望高大的树木，留意灯光打在建筑物上的样子，或去仔细观察叶子上精致的脉络。我常去联系一个能让我安心、找回自己的朋友，因为这世上他最了解我。

无论什么经历，能让你放慢脚步，品味当下的，多在那里停留一会儿。这样，你便可以打破焦虑带来的越担忧越恐惧、越恐惧越担忧的恶性循环。你也会收获一份好奇感，一颗开放的心，意识到你是浩瀚宇宙的一部分，在无限可能性中有一块空间让你去追求自己独特的目标。

在这些经历的哺育下，找到安慰，厘清思绪，你便做好了回到焦虑那里的准备——去思考，去倾听。找到方法把无用的焦虑变得有用，最后利用它去实现一些目标。

有用的焦虑，利用它去实现一些目标

人们常把自己的焦虑情绪看作一种失败：如果心里不舒服，那肯定是自己出了问题。于是我们把控制焦虑、让其消失当作目标：没有焦虑才是健康快乐的标志。

而我想说的恰恰相反。

追求无焦虑的生活，不仅是白费力气，还是个坏主意，因为人的生活，尤其在困难时期，需要有焦虑才会变好。我们在本书中已多次探讨，焦虑能让人看清事情的重点，让人集中注意力并排斥干扰，全力以赴达成目标或解决问题。焦虑不是需要消除的噪声，而是人生冥冥杂音中清晰响亮的信号。

人的思绪有一半时间在游荡。这并不是进化出了错，因为人在思绪游移时，大脑其实进入了"默认模式"[4]，短暂休息但依然活跃。研究显示，此时大脑会反复进行有关自己与他人、目标与办法的思考。大脑此时是在节省能量,直到有事引起它的注意,就像司机在乡间小路上开车时会分神,但若突然暴风雪降临,司机则会马上全力集中精神应对。焦虑是告诉人们"得注意了"的信号,如同一道军令:风暴即将来临,做好行动准备。

焦虑之所以要提起人的注意力,发掘人的能量,是因为它想让人行动起来。能量既不能被创造也不能被毁灭,焦虑也类似,需要转化与引导,给它一个去处。否则,压力会开始积累,生活质量会因而下降。

哈佛成年人发展研究[5]是历时最久、研究范围最广泛的纵向研究①之一。这项研究使数代研究人员得以尝试回答这一基本问题:怎样才能过上健康幸福的生活?这项研究始于1938年,研究人员对268名哈佛大学的大二学生进行健康幸福度的追踪。当时哈佛大学不录取女性,所以这268人全部为男性,但其后78年间,这项研究扩展到社会各界至少1 300人。研究人员发现,除了良好的人际关系,对健康与幸福感的最佳预测指标之一——其预测能力超过社会阶层、智商以及遗传因素——便是在生活中有使命感,并将这种使命感传给下一代。这个发现一点儿

---

① 纵向研究,指在一段时间内对同一对象多次反复观察的研究。与横断研究(亦称截面研究)相对应。

也不令人意外，属于那种"我外婆都懂"的道理。但之所以说要想正确地焦虑，就要把它引导向目标与使命，这个发现是原因之一。

我儿子升入七年级时，我曾问他，提起"焦虑"一词他会想到什么。他说："一个人在房间，心力交瘁，可能作业多到写不完。"我问正在上四年级的女儿同样的问题，她说："感到紧张或者怀疑自己能否成功，比如在课堂上起立回答问题或者上台跳舞。"他们二人的回答不仅反映出他们性格上的不同（这两个孩子性格非常不同），而且反映出，四年级和七年级学生有着不同的目标和顾虑。就像指南针，焦虑将两人指向各自的正北方向，各自独特的目标——卡维的目标是应付学习上新的要求，而南迪尼的目标则是掌控其他人对她的印象。

焦虑并非总是把人指向明确的目标。对于强迫症患者，焦虑会造成恶性循环，在反复洗手、检查、寻求安心等强迫行为上耗尽时间精力。这些行为能减轻患者一时的焦虑感，但达不到长久解脱——强烈的焦虑感会回归，然后患者必须重新进行强迫行为。这些行为从长远上不起作用，因为这些行为既没有明确目标，也不是有效措施。这些行为无法解决问题，不能帮助人成长，也不能消除造成焦虑的根本原因。于是恶性循环，周而复始。

但有用的焦虑离不开目标。这是因为，如我在第2章所述，焦虑情绪锚定在大脑的奖赏回路上，锚定在多巴胺促进的动力上，使人在困难面前坚持不懈，不断追求愉悦感。焦虑不仅帮助人躲避灾难，更驱使人追求满足、轻松、希望、敬畏、欣喜与启示。人只有在乎某事时才会焦虑，你的焦虑把你指向何方？

焦虑把我指向了我的目标：科学和写作事业。我能建立起一个成功的研究小组，离不开焦虑带给我的能力：始终保持好奇心，持续追求研究难题，像日本收纳专家近藤麻理惠一样保持房间整洁，列出详尽的任务清单，外加一点儿有益的倔强和对细节超乎常人的关注。在写作方面，焦虑对我也很有用，让我在改稿改了20遍以后还能继续坚持下去。我发现，我写得最好的文章，主题往往与我在乎的、使我有目标感的事物有关。

我用的"目标感"一词，所指并非远大愿景或者紧迫的人生使命。我指的是那些让你成为你自己、给你的生命带来意义的事情，那些你认为重要的、符合你价值观的事情。由斯坦福大学的杰弗里·科恩和戴维·舍曼开发的一个名为"自我肯定"的方法可以帮你在这一点进行探索[6]。

试试看。

方法如下：把下述11个方面按照最能反映你个人能力与价值；最让你自我感觉良好的顺序排序。（1）艺术能力与审美欣赏；（2）幽默感；（3）与家人朋友的关系；（4）自发性与活在当下；（5）社交能力；（6）体育运动；（7）音乐能力与欣赏；（8）外貌吸引力；（9）创造力；（10）经商与管理能力；（11）浪漫价值观。

然后，取排序前三名，分别花几分钟写写这些方面如何反映出你本人的特性和你生活的目标。尽可能多地写。

研究显示，人们花时间来自我肯定（即表述出他们认为什么有价值，为什么有价值）的时候，心情会更舒畅，注意力和学习能力会有进步，人际关系会更充实，甚至连身体健康都得以提高[7]。这些益处可持续数月甚至数年。

当人们把焦虑向着对目标的注重与追求进行引导时，焦虑便成为勇气。这时你会意识到，对自己关心又看重的事物，不仅产生焦虑很正常，而且正是因为这份看重，你才会感到焦虑。所以你才会不断坚持，即使事情解决起来很累很难。焦虑给人注入前进的动力，并激发人的力量。

然后，当你开始有目的地采取机智行动时，焦虑便会自然消失。你不再需要它时，它便会走开。这是焦虑最好的状态。

焦虑之所以存在，是因为它能帮我们实现人生目标。人生的目标不止一个。无论是关于家庭、工作、爱好，还是信仰，人们出于各种原因追求着各种目的——有时是出于责任，有时是追求理想。能分辨出两者的区别非常关键，因为我们接下来需要采取的行动，会因是责任还是理想而不同。

比如，两名学生都把一门课成绩为A作为目标。对第一个学生来说，得A是一种希望，能实现的话他便会满足。他的动力是力争实现积极成就和个人成长。

相比之下，第二个学生则认为得A是他的责任，是他为了达到个人标准和取悦他人应该做的事。他的动力则是避免失败，维持良好现状。

两人的动力塑造了两人追求目标的方式。着眼于责任的学生会警觉和审慎，小心不犯错误，严格遵守课程的一切要求以防失败。注重理想的学生则不仅会努力学习，还更可能努力超越期望，主动超出课程要求，踊跃求知，取得新成就。可以看出，两条路各有各的优势，而你选哪条路则取决于你个人的价值。

哥伦比亚大学心理学教授E.托里·希金斯花了几十年来构想并研究责任与理想对人的动力与成就的影响[8]。他发现，人追求目标的方式和个人价值越是吻合（注重理想的人，广泛而踊跃；注重责任的人，小心而谨慎），人便越积极、越成功，感觉也越好。如果不匹配（比如，要求注重理想的人去追求一个"必须"追求的目标），这个人就会更焦虑、更痛苦。当你和目标不一致时，情绪会告诉你。

希金斯和同事的研究已反复显示这种"匹配"的作用。比如，在一项有关营养目标的研究中[9]，研究人员在实验前测量了被试在理想与责任间的自然倾向。然后，实验人员敦促被试多吃水果蔬菜，但给出不同的原因：对一些人说这样做对身体好（理想），对另一些人说不这样做会对身体不好（责任）。在接下来一星期里，动力与原因匹配的人比不匹配的人多摄入了20%的蔬菜水果。希金斯和同事的研究显示，"适配"不仅影响健康饮食，还影响着人们的购物习惯、政治观点，以及对正确与错误的道德评判。

你呢？你的动力来自做该做的事，还是追求梦想中的可能？你可能会发现你的动力因情境不同而不同，所以不要觉得在这类问题上你只有一个答案。焦虑情绪会帮你弄清楚你站在哪边。

我最近在和焦虑的一次较量中正遇到了这个问题。我丈夫在工作上遇到了一件极其令人紧张、危及他生计的事，我为此十分焦虑。我一边尽力支持他，一边也在努力应对自己的痛苦。

我很快意识到，我的焦虑之所以迅速加剧，让我感到难以控制、几乎窒息的程度，不只是因为事情本身带来的威胁，还因为我对局势完全无法把控，无法采取任何行动，只能在精神上支持我丈夫。我感觉没有目标，所以焦虑也无处可去。

于是我改变方向，决定寻找一个目标。当时，我的愿望大多为责任所驱动：我迫切地想要避免灾难，想让不好的东西消失，让一切回归正常。但这个目标我无法直接实现，也和我天生追求理想的动力不符。

于是我将注意力转移到一些屡试不爽，每次都能给我带来目标感的事情上。首先，我尽力多陪伴我丈夫，给他提供无条件的支持，同时我也努力从理解我们处境的亲戚朋友那里寻求情感支持。与亲人的关系是我目标感的巨大来源，能给我的人生带来意义。和亲朋好友联系，成功地把我高烧的焦虑降了温。

然后，我又从生活中另一个对我具有深刻意义的方面汲取了力量：写作。我把自己处境的所有细节写了下来，把事情从各个方面叙述了一遍：事情的来龙去脉，我丈夫的反应，我的每一个想法、每一种感受。我写下的文字毫无文采，但写得好不是重点。把事情写下来让我看清了自己的感受，理解了自己的处境，逐渐拨开迷雾。写作让我吸收焦虑的力量，转而生发出新的想法和视角。事情并没有因为被我写了下来而发生好转，但我在痛苦了几天后，头一次感到自己有能力应对眼下面临的困境。

可以说，这段经历是我在焦虑似乎超出承受范围的情况下，最终找到正确焦虑方法的一个范例。但这段经历也说明我的生活条件还是很优越。我有亲人的支持，生活基础条件也得到了保障，在困境中依然能找到时间来写作。虽然我担心会失控，但生活的很多方面其实还在我的掌控之中。

但是，若有一项困难真实而长久，不给人这么多选项，怎么办？如果不确定性长期在我们身旁，让人很难获得目标感，怎么办？利用焦虑去做事、去达到目标这一说法，还有用吗？

我觉得答案是肯定的，因为焦虑本身不是负担，而是生活给予我们的一个礼物，确保我们永不放弃。焦虑常让人痛苦，但焦虑也使我们怀有希望。一个人若只抑郁而不焦虑，也就只会感到无助，甚至会选择放弃，但感到焦虑的人依然在乎人生，依然认为有些事情值得争取。这些人只要能把这种在乎与即使最微不足道的目标联系在一起，就能在焦虑的推动下前进。

拯救

人生的旅行中充满了理想与责任，焦虑是旅行的伙伴。在本章中，我讲述了一个人为了正确地焦虑而应该做的事，也讲了理想情况下可以再多做一些的事。但正确地焦虑绝非易事。做出改变从来都不容易，而正确的做事方法往往不止一种，尤其在焦虑问题上更是如此。可能性多虽然好，但也会让事情变难。幸好，旅程上有路标指引。

最大的路标是我们是否尊重焦虑——不是喜欢焦虑，

更不是爱上焦虑。尊重焦虑的意思是，倾听它，看清它有用还是无用，然后引导它去关注重点，追求目标。目标若是有关赞扬、敬畏、人际关系或创造力，焦虑则是快乐的强大引擎。焦虑时刻准备着给人带来快乐。焦虑情绪与大脑齐心合力，一并进化出了这项能力。

人一生中的所作所为——对家人的爱、错过（工作的）截止日期、在杂货店购物、和朋友看球赛、喝茶、弹钢琴、度过疫情期、在体育馆健身、滑水、大声教育孩子、写诗、度假——在这一切之下的深层，有着一股焦虑的暗流，一川强劲湍急的河流，四处是漩涡。浅触这河流，一个人可获得强大的能量、贤明的智慧、灵感、希望与技能。我们可能在这条河里溺死吗？可能。但我们也能踏浪前行。

无论你的焦虑是轻是重，你都可以学会倾听焦虑，放手一搏，选择相信这个可怕的情感其实是你的伙伴。从这个角度看焦虑需要从观念上做出转变，就像我之前提到的鲁宾花瓶的错觉。就在你眼前，从一个花瓶变成两个侧脸之间的留白。你看到的是花瓶还是脸，抑或两者都能看到？

不要对焦虑过度思考，也不要试图将其消除。把它收回来，就像找回被遗忘的历史，或者找到忘在壁橱里的礼盒一样。焦虑可以是力量，而凡是真正的力量，其中必然存在弱点。通过这些弱点，你能找到最好、最真实的自己。

　　拯救了焦虑，我们就拯救了自己。

致　谢

写这本书是我做过的最困难也最有满足感的事情之一。唯一能与之相比的是，看着我儿子经历了先天性心脏病的治疗，最后在他四个月大的时候做了开胸手术。我这么做比较，不是因为写这本书有多可怕（无法相提并论），而是因为每当回首这两段经历，我发现自己总是问同一个问题："我到底是怎么坚持下来的？"两者的答案皆是：靠朋友的鼎力相助。

在我有幸能称为朋友的杰出人才中，首先不得不提的是我的经纪人，理查德·派因和伊丽莎·罗思坦，以及因克维尔公司。你们都是最棒的。理查德，感谢你的才华和幽默、你的善良，以及你的洞察力，似乎至少92%的情况下都是正确的。伊丽莎，你极富同理心，陪我走过许多起起落落，这本书因你的精准反馈而得以完善。每次你都是我的（其实不那么秘密的）秘密救星。没有你们二人的帮助，这一切都不可能实现。你们相信了我并给了我机会，我在尽最大努力不辜负这次机会。

然后，感谢比尔·托内利——我的心理医生、教授、军师，也是我最后的但同样重要的编辑。比尔，你是独一无二的，你帮我找到了自己的声音，当我有奇思妙想却无法驾驭，想要放弃的时候，你劝诫我"不要做一个半途而废的人"。能和你合作，我真是太幸运了。

感谢卡伦·里纳尔迪和HarperWave整个出版团队：感谢你们相信本书的价值，并以如此出色和睿智的方式将其推向世界。能与你和你的杰出团队合作，是我的福气。

查尔斯·普拉金博士是我的同事兼挚友，也是本书的隐名合伙人。他在每个步骤上都给了我帮助与建议。他是我认识的最杰出、最有才的人之一，也是个品格非常高贵的人。谢谢你相信我，查尔斯。你精神上的慷慨使我的生活变得更加美好。

特别鸣谢拉什玛·萨贾和尼哈尔·梅塔——你们是我最有力的支持者。感谢你们坚定的友谊，感谢你们如此了不起。你们始终鼓舞着我。因为你们从未怀疑我能成功,所以我也(几乎)从未怀疑自己。

感谢我所有亲人般的朋友,和我分享各自的想法与故事,听我谈论各种想法,耐心听我长篇大论以及至少20个版本的"电梯演讲"①。这些朋友每一步都支持我:阿妮娅·辛格尔顿和迈克·阿伦斯,里亚兹·帕特尔和迈尔斯·安德鲁斯,金和罗布·卡瓦略,拉杰和劳拉·阿明,以及尼娜和罗姆·托马斯。我爱你们,每天都对你们心怀感激。我也非常感谢安杰拉·郑·卡普兰,你以各种美妙的方式改变了我和我家人的生活,也为我提高闲谈技巧提出了优质建议。我正在努力,安杰拉!你是我心中的一颗明星。

深切感谢慷慨分享自己经历和故事的人们。斯科特·帕拉津斯基博士,这本书因有你勇敢坚强的故事做开篇而提高了档次。德鲁·森苏-温斯坦,感谢你教会我这么多关于焦虑和创造力的知识。我希望你继续和世界分享你的见解。纽约市东区中学的戴维·盖茨校长和纽约市立大学亨特学院附属高中校长托尼·费希尔博士,像你们一样的教育工作者是难能可贵的。我十分感谢你们在儿童

---

① 指用几十秒阐明一个人想做的某件事的主要内容,包括方法、目的、好处等。

情绪健康问题上的投入,并始终为你们的优秀学生感到动容。致与我谈论过焦虑和情绪健康问题的全体教师和家长,包括纽约市奥索尔幼儿学校、查宾女子学校、联合男子学校、菲尔德斯顿文化伦理学院、休伊特女子学校:每次谈话后,我都学到了新的知识,获得了新的见解。谢谢你们。

  在这本书的写作过程中,我对儿童在这复杂世界中的焦虑进行了很多思考。我的孩子在成长过程中遇到很多对他们的人生与品格产生塑造作用的人,这些思考使我对这些人的敬意倍增,尤其是我的孩子有幸接触的联合男子学校和查宾女子学校的老师和管理者——埃米莉·兹韦贝尔老师,也就是正文中提到的Z老师,特别感谢你!你们教会我的孩子们如何坚持,如何在团体中找到力量,教会他们用头脑和好奇心去提问,并勇敢而正确地在世界中前进。我也感谢孩子们所在学校的家长委员会,你们为我的孩子提供了巨大的支持,感谢之情我无以言表。英文俗话讲,养一个孩子需要一个村庄,现实有过之而无不及。没有大家的支持与联系,想把焦虑转变成超级力量会困难很多。

  特别感谢曼哈顿鲁宾艺术博物馆的副执行董事兼

首席方案官、非凡的年度《脑波》节目系列的策展人蒂姆·麦克亨利。在《脑波》节目中我有幸遇见诸多了不起的人物，包括帕拉津斯基博士。蒂姆，你是我认识的最有魅力的人之一，也是为数不多的非常善良而富有智慧的人。感谢你和你的团队成为鲁宾博物馆的核心与灵魂。鲁宾是颗文化瑰宝，我在那里的经历深刻地影响了这本书。在鲁宾日夜展览了数月的"焦虑和希望纪念墙"，精彩而标新立异，其制作者坎迪·章和詹姆斯·里夫斯，谢谢你们。你们的艺术在我和这本书上都留下了不可磨灭的痕迹。

我有幸能拥有一个杰出的学术支持团队，特别是我在亨特学院的情绪调节实验室的学生和同事们。没有你们，本书中提到的我本人的研究成果都不可能完成。感谢你们的聪明才智、不懈努力与好奇心。还有和我讨论、有意无意之中给我带来启发的学者们。塞思·波拉克博士在休假期间抽空和我讨论了青少年的情感生活。这个行业中很少有像你这样的人，塞思，感谢你科学上颠覆性的贡献与学术上无尽的慷慨。感谢我出色的合作者，雷吉娜·米兰达博士和埃卡塔里娜·里科蒂克博士，你们的成果让我学到很多。雷吉娜，你推动我用不同方式思考思维和情感如何相互影响，并帮我把道德中心放在科学研究的中心。埃卡塔里娜，你的创新研究使我对焦虑产生了全新的看法。你教会我什么是安全，为什么安全不仅仅是没有威胁。我还要感谢我在纽约城市大学的同事们，包括亨特学院心理系、研究生部，以及前沿科学研究中心。感谢亨特学院的院长珍妮弗·拉布为宣传和分享本书理念提供了一个平台。我还要感谢我在纽约大学朗格尼医学中心的同事，包括利·夏尔凡博士和黄耿妍博士。我的事业是从纽约大学朗格尼中心开始的，并在那里遇到了我长期以来的合作者埃米·克赖因·罗伊博士。埃米，在有幸与你共事的多年里，你分享的见解与想法对我在本书中提到的观点起到了很大作用。

在我的所有身份中，排在首位的是情感科学家。我对我长期合作的同事和导师感激不尽。感谢我的好友——保罗·黑斯廷斯博士和克里斯廷·巴斯博士：咱们"离经叛道"发表专著那段时期，令我获益匪浅。那时可真是年少轻狂啊。感谢我的研究生导师帕梅拉·M.科尔博士：帕梅拉，你让我明白所有情感都是上天的馈赠，哪怕有些情感是把双刃剑，也教会了我文化与情境的重要性。我有幸从领域巨匠处学习关于情感、儿童发育与焦虑症的知识，包括帕梅拉、约瑟夫·坎波斯博士、但丁·西切蒂博士和汤姆·博尔科韦茨博士。你们的研究重新定义了人们对情感风险、幸福感和心理韧性的理解方式。这些研究让世界更加美好。

我对数字科技与焦虑的研究，受到了我的同事萨拉·米鲁斯基博士（我认识的最聪明的人之一）、克里斯廷·巴斯博士（再次提起）、克拉里·佩雷斯-埃德加博士，以及宾夕法尼亚州立大学诸多出色研究人员的深刻影响。我还要感谢黛安·索耶、克莱尔·温劳布，以及美国广播公司优秀栏目《屏幕时间特别节目》背后的团队对这些研究结果的着重报道。在数字健康领域我从同事们那里学到了很多——特别是金·安农伯格·卡瓦略和全国断网断电日团队、特奥多拉·帕夫科维奇、安德鲁·拉西耶和迈卡·西弗里。你们懂得当技术变得更加人性化的时候，我们都会是赢家。

我能把这本书写完，离不开我的家人的帮助。妈妈、约翰，感谢你们的爱与支持，也感谢你们成为孩子们的超级外婆外公。有你们在，是我们全家人的幸运。我的教母贝斯姑姑，你对我的影响之深，我想你自己都猜不到，是你让我觉得爱读书很酷。致贝哈利全家，你们让我和我的孩子有了一个像家一样可以依靠的团体。谢谢你，我的得力助手西塔·希拉拉尔，这么多年你始终是我家庭的核心。还有凯蒂与罗布·亚当斯。你们最棒！丹，你对我来说不只是一个姐妹。"丹家会"数次帮我渡过心理难关，你的见解与想法每次都帮我把这本书——和很多其他事情——变得更好。还有斯特劳，你给家人带来了很多光明。谢谢你做我的兄弟。

致诺奇：你是我写这本书的这些年里始终如一的陪伴者。谢谢你坚定不移的忠诚，你的出现总是让我心情平静，揉你的小肚皮时我每次都能感受到爱。我总会在咱们一起散步时厘清头绪，有过很多次恍然大悟的时刻。

致我的孩子卡维和南迪尼：你们的存在让我的一切变得更好、更美、更有希望。你们可能觉得出现在这本书里有些烦人——我希望不是这样，但说实话，妈妈不得不把你们写进书中，因为你们不停地教我成长。妈妈真的很爱你们。

写这本书是我一生难忘的旅程。感谢我亲爱的丈夫和人生伴侣，维维克·J.蒂瓦里。你在我写这本书期间，以及人生的各个方面给我的爱与支持，远超我所能盼望的一切。你是我的磐石。你让我相信一切皆有可能。我爱你,我的船长。

最后,致家里的小河豚:你是《焦虑的力量》一书的精神象征。我们爱你,因为我们看得出,你和我们人类一样,心里总是有些情绪。永远游下去吧,我的朋友。

注 释

引言

1 *A Simple Psychologically Oriented Deliberation in View of the Dogmatic Problem of Hereditary Sin*, translated by Alastair Hannay (New York: W. W. Norton, 2014), 189.

第1章 焦虑是什么（和不是什么）

1 Ronald C. Kessler and Philip S. Wang, "The Descriptive Epidemiology of Commonly Occurring Mental Disorders in the United States," *Annual Review of Public Health* 29, no. 1 (2008): 115–29, doi:10.1146/annurev.publhealth.29.020907.090847.

2 "Mental Illness," National Institute of Mental Health, https://www.nimh.nih.gov/health/statistics/mental-illness.

3 *Diagnostic and Statistical Manual of Mental Disorders (DSM-5)* (Arlington, VA: American Psychiatric Association, 2017).

4 Clemens Kirschbaum, Karl-Martin Pirke, and Dirk H. Hellhammer, "The 'Trier Social Stress Test' —a Tool for Investigating Psychobiological Stress Responses in a Laboratory Setting," *Neuropsychobiology* 28, nos. 1–2 (1993): 76–81, doi:10.1159/000119004.

5 Jeremy P. Jamieson, Matthew K. Nock, and Wendy Berry Mendes, "Changing the Conceptualization of Stress in Social Anxiety Disorder," *Clinical Psychological Science* 1, no. 4 (2013): 363–74, doi:10.1177/2167702613482119.

第2章 焦虑为何存在

1 Charles Darwin, *The Expression of the Emotions in Man and Animals*, Anniversary Edition, 4th ed. (Oxford, UK: Oxford University Press, 2009).

2 Charles Darwin, *On the Origin of Species*, vol. 5 of *The Evolution Debate*, 1813–1870, edited by David Knight (London: Routledge, 2003).

3 Charles Darwin, *The Descent of Man, and Selection in Relation to Sex*, vol. 22 of *The Works of Charles Darwin*, edited by Paul H. Barrett (London: Routledge, 1992).

4 Darwin, *The Expression of the Emotions in Man and Animals*, 29.

5 Ibid., 81.

6 Joseph J. Campos, Alan Langer, and Alice Krowitz, "Cardiac Responses on the Visual Cliff in Prelocomotor Human Infants," *Science* 170, no. 3954 (1970): 196–97, doi:10.1126/science.170.3954.196.

7 James F. Sorce et al., "Maternal Emotional Signaling: Its Effect on the Visual Cliff Behavior of 1-Year-Olds," *Developmental Psychology* 21, no. 1 (1985): 195–200, doi:10.1037/0012-1649.21.1.195.

8 Karen C. Barrett and Joseph J. Cam-pos, "Perspectives on Emotional Development II: A Functionalist Approach to Emotions," in *Handbook of Infant Development*, 2nd ed., edited by Joy D. Osofsky (New York: John Wiley & Sons, 1987), 555–78; Dacher Keltner and James J. Gross, "Functional Accounts of Emotions," *Cognition & Emotion* 13, no. 5 (1999): 467–80, doi: 10.1080/026999399379140.

9 Nico H. Frijda, *The Emotions* (Cambridge, UK: Cambridge University Press, 2001).

10 Darwin, *The Expression of the Emotions in Man and Animals*, 240.

11 https://www.ncbi.nlm.nih.gov/pmc/articles/PMC3181681/

12 Joseph LeDoux and Nathaniel D. Daw, "Surviving Threats: Neural Circuit and Computational Implications of a New Taxonomy of Defensive Behaviour," *Nature Reviews Neuroscience* 19, no. 5 (2018): 269–82, doi:10.1038/nrn.2018.22.

13 Yair Bar-Haim et al., "Threat-Related Attentional Bias in Anxious and Nonanxious Individuals: A Meta-Analytic Study," *Psychological Bulletin* 133, no. 1 (2007): 1–24, doi:10.1037/0033-2909.133.1.1; Colin MacLeod, Andrew Mathews, and

Philip Tata, "Attentional Bias in Emotional Disorders," *Journal of Abnormal Psychology* 95, no. 1 (1986): 15–20, doi:10.1037/0021-843x.95.1.15.

14 Tracy A. Dennis-Tiwary et al., "Heterogeneity of the Anxiety-Related Attention Bias: A Review and Working Model for Future Research," *Clinical Psychological Science* 7, no. 5 (2019): 879–99, doi:10.1177/2167702619838474.

15 James A. Coan, Hillary S. Schaefer, and Richard J. Davidson, "Lending a Hand," *Psychological Science* 17, no. 12 (2006): 1032–39, doi:10.1111/j.1467-9280.2006.01832.x.

16 Harry F. Harlow and Stephen J. Suomi, "Induced Psychopathology in Monkeys," *Caltech Magazine*, 33, no. 6 (1970): 8–14, https://resolver.caltech.edu/CaltechES:33.6.mon-keys.

第3章 对未来的焦虑

1 Thomas Hobbes, *Leviathan*, edited by Marshall Missner, Longman Library of Primary Sources in Philosophy (New York: Routledge, 2008 [1651]).

2 David Dunning and Amber L. Story, "Depression, Realism, and the Overconfidence Effect: Are the Sadder Wiser When Predicting Future Actions and Events?," *Journal of Personality and Social Psychology* 61, no. 4 (1991): 521–32, doi:10.1037/0022-3514.61.4.521.

3 Gabriele Oettingen, Doris Mayer, and Sam Portnow, "Pleasure Now, Pain Later," *Psychological Science* 27, no. 3 (2016): 345–53, doi:10.1177/0956797615620783.

4 Birgit Kleim et al., "Reduced Specificity in Episodic Future Thinking in Posttraumatic Stress Disorder," *Clinical Psychological Science* 2, no. 2 (2013): 165–73, doi:10.1177/2167702613495199.

5 Adam D. Brown et al., "Overgeneralized Autobiographical Memory and Future Thinking in Combat Veterans with Posttraumatic Stress Disorder," *Journal of Behavior Therapy and Experimental Psychiatry* 44, no. 1 (2013): 129–34, doi:10.1016/j.jbtep.2011.11.004.

6 Susan M. Andersen, "The Inevitability of Future Suffering: The Role of Depressive Predictive Certainty in Depression," *Social Cognition* 8, no. 2 (1990): 203–28, doi:10.1521/soco.1990.8.2.203.

7 Regina Miranda and Douglas S. Mennin, "Depression, Generalized Anxiety Disorder, and Certainty in Pessimistic Predictions About the Future," *Cognitive Therapy and Research* 31, no. 1 (2007): 71–82, doi:10.1007/s10608-006-9063-4.

8 Joanna Sargalska, Regina Miranda, and Brett Marroquín, "Being Certain About an Absence of the Positive: Specificity in Relation to Hopelessness and Suicidal Ideation," *International Journal of Cognitive Therapy* 4, no. 1 (2011): 104–16, doi:10.1521/ijct.2011.4.1.104.

9 Laura L. Carstensen, "The Influence of a Sense of Time on Human Development," *Science* 312, no. 5782 (2006): 1913–15, doi:10.1126/science.1127488.

10 Jordi Quoidbach, Alex M. Wood, and Michel Hansenne, "Back to the Future: The Effect of Daily Practice of Mental Time Travel into the Future on Happiness and Anxiety," *Journal of Positive Psychology* 4, no. 5 (2009): 349–55, doi:10.1080/17439760902992365.

11 Ellen J. Langer, "The Illusion of Control," *Journal of Personality and Social Psychology* 32, no. 2 (1975): 311–28, doi:10.1037/0022-3514.32.2.311.

12 Lyn Y. Abramson, Martin E. Seligman, and John D. Teasdale, "Learned Helplessness in Humans: Critique and Reformulation," *Journal of Abnormal Psychology* 87, no. 1 (1978): 49–74, doi:10.1037/0021-843x.87.1.49.

13 David York et al., "Effects of Worry and Somatic Anxiety Induction on Thoughts, Emotion and Physiological Activity," *Behaviour Research and Therapy* 25, no. 6 (1987): 523–26, doi:10.1016/0005-7967(87)90060-x.

14 Ayelet MeronRuscio and T. D. Borkovec, "Experience and Appraisal of Worry Among High Worriers with and Without Generalized Anxiety Disorder," *Behaviour Research and Therapy* 42, no. 12 (2004): 1469–82, doi:10.1016/j.brat.2003.10.007.

第4章 焦虑为何成了一种病

1 Dante Alighieri, *The Divine Comedy of Dante Alighieri*, translated by Robert Hollander and Jean Hollander (New York: Anchor, 2002).

2 Democritus Junior [Robert Burton], *The Anatomy of Melancholy*, 8th ed. (Philadelphia: J. W. Moore, 1857 [1621]), https://books.google.com/books?id=jTwJAAAAIAAJ.

3 Ibid., 163‐64. 注：第二句引用位于第 164 页。

4 Sigmund Freud, *The Problem of Anxiety*, translated by Henry Alden Bunker (New York: Psychoanalytic Quarterly Press, 1936), https://books.google.com/books?id=uOh8CgAAQBAJ.

5 W. H. Auden, *The Age of Anxiety: A Baroque Eclogue* (New York: Random House, 1947).

6 Sigmund Freud, "Analysis of a Phobia in a Five-Year-Old Boy," in *Two Case Histories ("Little Hans" and the "Rat Man")*, vol. 10 of *The Standard Edition of the Complete Psychological Works of Sigmund Freud* (London: Hogarth Press, 1909), 1‐150.

7 Sigmund Freud, "Notes upon a Case of Obsessional Neurosis," in Freud, *Two Case Histories ("Little Hans" and the "Rat Man")*, 151‐318.

8 *Diagnostic and Statistical Manual of Mental Disorders (DSM-5)* (Arlington, VA: American Psychiatric Association, 2017).

9 Kurt Lewin, *Resolving Social Conflicts, Selected Papers on Group Dynamics 1935–1946* (New York: Harper, 1948).

10 Judith Shulevitz, "In College and Hiding from Scary Ideas," *New York Times*, March 21, 2015, https://www.nytimes.com/2015/03/22/opinion/sunday/judith-shulevitz-hiding-from-scary-ideas.html.

11 Guy A. Boysen et al., "Trigger Warning Efficacy: The Impact of Warnings on Affect, Attitudes, and Learning," *Scholarship of Teaching and Learning in Psychology* 7, no. 1 (2021): 39‐52, doi:10.1037/stl0000150.

12 Benjamin W. Bellet, Payton J. Jones, and Richard J. McNally, "Trigger Warning: Empirical Evidence Ahead," *Journal of Behavior Therapy and Experimental Psychiatry* 61 (2018): 134‐41, doi:10.1016/j.jbtep.2018.07.002.

第5章 惬意的麻木

1 W. H. Auden, *The Age of Anxiety: A Baroque Eclogue* (New York: Random House, 1947).

2 Jeannette Y. Wick, "The History of Benzodiazepines," *Consultant Pharmacist* 28, no. 9 (2013): 538‐48, doi:10.4140/tcp.n.2013.538.

3 Ibid.

4 "Leo Sternbach: Valium: The Father of Mother's Little Helpers," *U.S. News & World Report*, December 27,1999.

5 "Overdose Death Rates," NationalInstitute on Drug Abuse, January 29, 2021, https://www.drugabuse.gov/drug-topics/trends-statistics/overdose-death-rates.

6 Ibid.

7 "Understanding the Epidemic," Centers forDisease Control and Prevention, March 17, 2021, https://www.cdc.gov/opioids/basics/epidemic.html.

8 "Overdose DeathRates," National Institute on Drug Abuse.

9 Barry Meier, "Origins of an Epidemic: Purdue Pharma Knew Its Opioids Were Widely Abused," *New York Times*, May 29, 2018, https://www.nytimes.com/2018/05/29/health/purdue-opioids-oxycontin.html.

10 "Mental Illness," National Institute of Mental Health, https://www.nimh.nih.gov/health/statistics/mental-illness.

11 Juliana Menasce Horowitz and Nikki Graf, "Most U.S. Teens See Anxiety and Depression as a Major Problem Among Their Peers," Pew Research Center, February 20, 2019, https://www.pewresearch.org/social-trends/2019/02/20/most-u-s-teens-see-anxiety-and-depression-as-a-major-problem-among-their-peers/.

12 Angel Diaz, "Bars: The Addictive Relationship with Xanax & Hip Hop | Complex News Presents," Complex, May 28, 2019, https://www.complex.com/music/2019/05/bars-the-addictive-relationship-between-xanax-and-hip-hop.

第6章 归咎于机器吗

1 Ingibjorg Eva Thorisdottir et al., "Active and Passive Social Media Use and Symptoms of Anxiety and Depressed Mood Among Icelandic Adolescents," *Cyberpsychology, Behavior, and Social Networking* 22, no. 8 (2019): 535–42, doi:10.1089/cyber.2019.0079.

2 Kevin Wise, Saleem Alhabash, and Hyojung Park, "Emotional Responses During Social Information Seeking on Facebook," *Cyberpsychology, Behavior, and Social Networking* 13, no. 5 (2010): 555–62, doi:10.1089/cyber.2009.0365.

3 Ibid.

4 Carmen Russoniello, Kevin O'Brien,and J. M. Parks, "The Effectiveness of Casual Video Games in Improving Mood and Decreasing Stress," *Journal of Cyber Therapy and Rehabilitation* 2, no. 1 (2009): 53–66.

5 Wise et al., "Emotional Responses During Social Information Seeking on Facebook."

6 Maneesh Juneja, "Being Human," Maneesh Juneja,May 23, 2017, https://maneeshjuneja.com/blog/2017/5/23/being-human.

7 James A. Coan, Hillary S.Schaefer, and Richard J. Davidson, "Lending a Hand," *Psychological Science* 17, no. 12 (2006): 1032–39, doi:10.1111/j.1467-9280.2006.01832.x.

8 Leslie J. Seltzer et al., "Instant Messages vs. Speech: Hormones and Why We Still Need to Hear Each Other," *Evolution and Human Behavior* 33, no. 1 (2012): 42–45, doi:10.1016/j.evolhumbehav.2011.05.004.

9 M. Tomasello, *A Natural History of Human Thinking* (Cambridge, MA: Harvard University Press, 2014).

10 Sarah Myruski et al., "Digital Disruption? Maternal Mobile Device Use Is Related to Infant Social-Emotional Functioning," *Developmental Science* 21, no. 4 (2017), doi:10.1111/desc.12610.

11 Kimberly Marynowski, "Effectiveness of a Novel Paradigm Examining the Impact of Phubbing on Attention and Mood," April 21, 2021, CUNY Academic Works, https://academic works.cuny.edu/hc_sas_etds/714.

12 Anya Kamenetz, "Teen Girls and Their Moms Get Candid About Phones and Social Media," NPR, December 17, 2018, https://www.npr.org/2018/12/17/672976298/teen-girls-and-their-moms-get-candid-about-phones-and-social-media.

13 Jean M. Twenge et al., "Increases in Depressive Symptoms, Suicide-Related Outcomes, and Suicide Rates Among U.S. Adolescents After 2010 and Links to Increased New Media Screen Time," *Clinical Psychological Science* 6, no. 1 (2017): 3–17, doi:10.1177/2167702617723376.

14 Amy Orben and Andrew K. Przybylski, "The Association Between Adolescent Well-Being and Digital Technology Use," *Nature Human Behaviour* 3, no. 2 (2019): 173–82, doi:10.1038/s41562-018-0506-1.

15 Sarah M. Coyne et al., "Does Time Spent Using Social Media Impact Mental Health?: An Eight Year Longitudinal Study," *Computers in Human Behavior* 104 (2020): 106160, doi:10.1016/j.chb.2019.106160.

16 Seltzer et al., "Instant Messages vs. Speech: Hormones and Why We Still Need to Hear Each Other."

17 Tracy A. Dennis-Tiwary, "Taking Away the Phones Won't Solve Our Teenagers' Problems," *New York Times*, July 14, 2018, https://www.nytimes.com/2018/07/14/opinion/sunday/smartphone-addiction-teenagers-stress.html.

第7章 不确定性

1 John Allen Paulos, *A Mathematician Plays the Stock Market* (New York: Basic Books, 2003).

2 Jacob B. Hirsh and Michael Inzlicht, "The Devil You Know: Neuroticism Predicts Neural Response to Uncertainty," *Psychological Science* 19, no. 10 (2008): 962–67, doi:10.1111/j.1467-9280.2008.02183.x.

3 Sally S. Dickerson and Margaret E. Kemeny, "Acute Stressors and Cortisol Responses: A Theoretical Integration and Synthesis of Laboratory Research," *Psychological Bulletin* 130, no. 3 (2004): 355–91, doi:10.1037/0033-2909.130.3.355.

4 Erick J. Paul et al., "Neural Networks Underlying the Metacognitive Uncertainty Response," *Cortex* 71 (2015): 306–22, doi:10.1016/j.cortex.2015.07.028.

5 Orah R. Burack and Margie E. Lachman, "The Effects of List-Making on Recall in Young and Elderly Adults," *Journals of Gerontology: Series B: Psychological Sciences and Social Sciences* 51B, no. 4 (1996): 226–33, doi:10.1093/geronb/51b.4.p226.

6 David DeSteno, "Social Emotions and Intertemporal Choice: 'Hot' Mechanisms for Building Social and Economic Capital," *Current Directions in Psychological Science* 18, no. 5 (2009): 280–84, doi:10.1111/j.1467-8721.2009.01652.x.

7 Leah Dickens and David DeSteno, "The Grateful Are Patient: Heightened Daily Gratitude Is Associated with Attenuated Temporal Discounting," *Emotion* 16, no. 4 (2016): 421–25, doi:10.1037/emo0000176.

8 Marjolein Barendse et al., "Longitudinal Change in Adolescent Depression and

Anxiety Symptoms from Before to During the COVID-19 Pandemic: A Collaborative of 12 Samples from 3 Countries," April 13, 2021, doi:10.31234/osf.io /hn7us.

9 Polly Waite et al., "How Did the Mental Health of Children and Adolescents Change During Early Lockdown During the COVID-19 Pandemic in the UK?," February 4, 2021, doi:10.31234/osf.io/t8rfx.

第8章 创造力

1 Rollo May, *The Meaning of Anxiety* (New York: W. W. Norton, 1977), 370.

2 Matthijs Baas et al., "Personality and Creativity: The Dual Pathway to Creativity Model and a Research Agenda," *Social and Personality Psychology Compass* 7, no. 10 (2013): 732–48, doi:10.1111/spc3.12062.

3 Carsten K. De Dreu, Matthijs Baas, and Bernard A. Nijstad, "Hedonic Tone and Activation Level in the Mood-Creativity Link: Toward a Dual Pathway to Creativity Model," *Journal of Personality and Social Psychology* 94, no. 5 (2008): 739–56, doi:10.1037/0022-3514.94.5.739.

4 Thomas Curran et al., "A Test of Social Learning and Parent Socialization Perspectives on the Development of Perfectionism," Personality and Individual Differences 160 (2020): 109925, doi:10.1016/j.paid.2020.109925.

5 Patrick Gaudreau, "On the Distinction Be- tween Personal Standards Perfectionism and Excellencism: A Theory Elaboration and Research Agenda," *Perspectives on Psychological Science* 14, no. 2 (2018): 197–215, doi:10.1177/1745691618797940.

6 Ibid.

7 Diego Blum and Heinz Holling, "Spearman' sLaw of Diminishing Returns. A Meta-Analysis," *Intelligence* 65 (2017):60–66, doi:10.1016/j.intell.2017.07.004.

8 perfectionists, counterintuitively, turn out: Patrick Gaudreau andAmanda Thompson, "Testing a 2 × 2 Model of Dispositional Perfectionism," *Personality and Individual Differences* 48, no. 5 (2010): 532–37, doi:10.1016/j.paid.2009.11.031.

9 Joachim Stoeber, "Perfectionism, Efficiency, and Response Bias in Proof-Reading Performance: Extension and Replication," *Personality and Individual Differences* 50, no. 3 (2011): 426–29, doi:10.1016/j.paid.2010.10.021.

10 Benjamin Wigert, et al., "Perfectionism: The Good, the Bad, and the Creative," *Journal of Research in Personality* 46, no. 6 (2012): 775–79, doi:10.1016/j.jrp.2012.08.007.

11 Ibid.

12 A. Madan et al., "Beyond Rose ColoredGlasses: The Adaptive Role of Depressive and Anxious Symptoms Among Individuals with Heart Failure Who Were Evaluated for Transplantation," *Clinical Transplantation* 26, no. 3 (2012), doi: 10.1111/j.1399-0012.2012.01613.x.

13 Søren Kierkegaard, *The Concept of Anxiety: A Simple Psychologically Oriented Deliberation in View of the Dogmatic Problem of Hereditary Sin*, translated by Alastair Hannay (New York: W. W. Norton, 2014).

第9章 孩子不脆弱

1 Rainer Maria Rilke, *Letters to a Young Poet*, translated by Stephen Mitchell (New York: Vintage Books, 1984), 110.

2 "Mental Illness," National Institute of Mental Health, https://www.nimh.nih.gov/health/statistics/mental-illness.

3 Juliana Menasce Horowitz andNikki Graf, "Most U.S. Teens See Anxiety, Depression as Major Problems," Pew Research Center, February 20, 2019, https://www.pewresearch.org/social-trends/2019/02/20/most-u-s-teens-see-anxiety-and-depression-as-a-major-problem-among-their-peers/.

4 Nassim Nicholas Taleb, *Antifragile: Things That Gain from Disorder* (New York: Random House, 2016), 3.

5 Eli R. Lebowitz et al., "Parent-Based Treatment as Efficacious as Cognitive-Behavioral Therapy for Childhood Anxiety: A Randomized Noninferiority Study of Supportive Parenting for Anxious Childhood Emotions," *Journal of the American Academy of Child & Adolescent Psychiatry* 59, no. 3 (2020): 362–72, doi:10.1016/j.jaac.2019.02.014.

6 Howard Peter Chudacoff, *Children at Play: An American History* (New York: New York University Press, 2008).

7 Claire Cain Miller and Jonah E. Bromwich, "How Parents Are Robbing Their

Children of Adulthood," *New York Times*, March 16, 2019, https://www.nytimes.com/2019/03/16/style/snowplow-parenting-scandal.html.

8 The Editorial Board, "Turns Out There's a Proper Way to Buy Your Kid a College Slot," *New York Times*, March 12, 2019, https://www.nytimes.com/2019/03/12/opinion/editorials/college-bribery-scandal-admissions.html.

9 Kerstin Konrad, Christine Firk, and Peter J. Uhlhaas, 2013. "Brain Development During Adolescence: Neuroscientific Insights into This Developmental Period," *DeutschesÄrzteblatt International*, 110, no. 25 (2013): 425–31, doi:10.3238/arztebl.2013.0425.

10 P. Shaw et al., 2006. "Intellectual Ability and Cortical Development in Children and Adolescents," *Nature* 440, no. 7084 (2006): 676–79, doi:10.1038/nature04513.

11 Margo Gardner and Laurence Steinberg, "Peer In-fluence on Risk Taking, Risk Preference, and Risky Decision Making in Adolescence and Adulthood: An Experimental Study," *Developmental Psychology* 41, no. 4 (2005): 625–35, doi:10.1037/0012-1649.41.4.625.

12 PaskoRakic et al., "Concurrent Overproduction of Synapses in Diverse Regions of the Primate Cerebral Cortex," *Science* 232, no. 4747 (1986): 232–35, doi:10.1126/science.3952506.

13 Colleen C. Hawkins, Helen M. Watt, and Kenneth E. Sinclair, "Psychometric Properties of the Frost Multidimensional Perfectionism Scale with Australian Adolescent Girls," *Educational and Psychological Measurement* 66, no. 6 (2006): 1001–22, doi:10.1177/0013164405285909.

14 Keith C. Herman et al., "Developmental Origins of Perfectionism among African American Youth," *Journal of Counseling Psychology* 58, no. 3 (2011): 321–34, doi:10.1037/a0023108.

15 Curran et al., "A Test of Social Learning and Parent Socialization Perspectives on the Development of Perfectionism."

16 Brittany N. Anderson and Jillian A. Martin, "What K–12 Teachers Need to Know About Teaching Gifted Black Girls Battling Perfectionism and Stereotype Threat," *Gifted Child Today* 41, no. 3 (2018): 117–24, doi:10.1177/1076217518768339.

17 Civil Rights Data Collection.https://ocrdata.ed.gov/DataAnalysisTools/

DataSetBuilder?Report=7.

18 "2016 College-Bound Seniors Total GroupProfile Report," College Board, https://secure-media.collegeboard.org/digitalServices/pdf/sat/total-group-2016.pdf.

19 GijsbertStoet and David C. Geary, "The Gender-Equality Paradox in Science, Technology, Engineering, and Mathematics Education," *Psychological Science* 29, no. 4 (2018): 581 – 93,doi:10.1177/0956797617741719.

20 Campbell Leaper and Rebecca S.Bigler, "Gendered Language and Sexist Thought," *Monographs of the Society for Research in Child Development* 69, no. 1 (2004): 128 – 42, doi:10.1111/j.1540-5834.2004.06901012.x.

21 Tara Sophia Mohr, "Why Women Don't Apply for Jobs Unless They're 100% Qualified," *Harvard Business Review*, August 25, 2014, https://hbr.org/2014/08/why-women-dont-apply-for-jobs-unless-theyre-100-qualified.

22 Elizabeth M. Planalp et al., "The Infant Version of the Laboratory Temperament Assessment Battery (Lab-TAB): Measurement Properties and Implications for Concepts of Temperament," *Frontiers in Psychology* 8 (2017), doi:10.3389/fpsyg.2017.00846.

第10章 正确地焦虑

1 Søren Kierkegaard, *The Concept of Anxiety: A Simple Psychologically Oriented Deliberation in View of the Dogmatic Problem of Hereditary Sin*, translated by Alastair Hannay (New York: W. W. Norton, 2014, [1884]).

2 Jeremy P. Jamieson, Matthew K. Nock, and Wendy Berry Mendes, "Changing the Conceptualization of Stress in Social Anxiety Disorder," *Clinical Psychological Science* 1, no. 4 (2013): 363 – 74, doi:10.1177/2167702613482119.

3 Brandon A. Kohrt and Daniel J. Hruschka, "Nepali Concepts of Psychological Trauma: The Role of Idioms of Distress, Ethnopsychology and Ethnophysiology in Alleviating Suffering and Preventing Stigma," *Culture, Medicine, and Psychiatry* 34, no. 2 (2010): 322 – 52, doi:10.1007/s11013-010-9170-2.

4 Marcus E. Raichle, "The Brain's Default Mode Network," *Annual Review of Neuroscience* 38, no. 1 (2015): 433 – 47, doi:10.1146/annurev-neuro-071013-014030.

5 "Harvard Second Generation Study," Harvard Medical School, https://www.adultdevelop-mentstudy.org/.

6 Geoffrey L. Cohen and David K. Sherman, "The Psychology of Change: Self-Affirmation and Social Psychological Intervention," *Annual Review of Psychology* 65, no. 1 (2014): 333–71, doi:10.1146/annurev-psych-010213-115137.

7 Ibid.

8 E. Tory Higgins, "Self-Discrepancy: A Theory Relating Self and Affect," *Psychological Review* 94, no. 3 (1987): 319–40,doi:10.1037/0033-295x.94.3.319.

9 Scott Spiegel, Heidi Grant-Pillow,and E. Tory Higgins, "How Regulatory Fit Enhances Motivational Strength During Goal Pursuit," *European Journal of Social Psychology* 34, no. 1 (2004): 39–54, doi:10.1002/ejsp.180.

附 录
焦虑自评量表（SAS）

焦虑自评量表(self-rating anxiety scale，SAS)是W.K.Zung于1971年编制的，用于评出有焦虑症状的个体的主观感受，作为衡量焦虑状态的轻重程度及其在治疗中的变化的依据。而焦虑是心理咨询门诊常见的一种情绪障碍，近年来，SAS已作为咨询门诊中了解焦虑症状的一种自评工具。

SAS测评的是最近一周内的症状水平，评分不受年龄、性别、经济状况等因素的影响，但应试者如果文化程度较低或智力水平较差不能进行自评。

下面有20条文字，请仔细阅读每一条，把意思弄明白，然后按照自己最近一周以来的实际情况进行选择。①很少=没有或很少时间，②有时=少部分时间，③经常=相当多时间，④持续=绝大部分或全部时间。

1. 觉得比平常容易紧张和着急
   ①很少　　②有时　　③经常　　④持续
2. 无缘无故地感到害怕
   ①很少　　②有时　　③经常　　④持续
3. 容易心里烦乱或觉得惊恐
   ①很少　　②有时　　③经常　　④持续
4. 觉得可能要发疯
   ①很少　　②有时　　③经常　　④持续
5. 觉得一切都很好，也不会发生什么不幸
   ①很少　　②有时　　③经常　　④持续
6. 手脚发抖打颤
   ①很少　　②有时　　③经常　　④持续
7. 因为头痛、头颈痛和背痛而苦恼
   ①很少　　②有时　　③经常　　④持续
8. 感觉容易衰弱和疲乏
   ①很少　　②有时　　③经常　　④持续
9. 觉得心平气和，并且容易安静地坐着
   ①很少　　②有时　　③经常　　④持续
10. 觉得心跳得很快
    ①很少　　②有时　　③经常　　④持续

11. 因为一阵阵头晕而苦恼
    ①很少　　②有时　　③经常　　④持续

12. 有晕倒发作，或觉得要晕倒似的
    ①很少　　②有时　　③经常　　④持续

13. 吸气呼气都感到很容易
    ①很少　　②有时　　③经常　　④持续

14. 手脚麻木和刺痛
    ①很少　　②有时　　③经常　　④持续

15. 因为胃痛和消化不良而苦恼
    ①很少　　②有时　　③经常　　④持续

16. 常常要小便
    ①很少　　②有时　　③经常　　④持续

17. 手常常是干燥温暖的
    ①很少　　②有时　　③经常　　④持续

18. 脸红发热
    ①很少　　②有时　　③经常　　④持续

19. 容易入睡并且睡得很好
    ①很少　　②有时　　③经常　　④持续

20. 做噩梦
    ①很少　　②有时　　③经常　　④持续

量表说明

计分说明:

第5、9、13、17、19题: ①=4分; ②=3分; ③=2分; ④=1分。其余题目: ①=1分; ②=2分; ③=3分; ④=4分。

分数计算:

把20题的得分相加为粗分,粗分乘以1.25取整数,即得到标准分。

分数说明:

中国焦虑评定的分界值为50分,分数越高,焦虑倾向越明显。

49以下为正常; 50—59为轻度;

60—69为中度; 69分以上是重度。

评定注意事项

SAS可以反映焦虑的严重程度,但不能区分各类神经症,必须同时应用其他自评量表或他评量表,如汉密尔顿抑郁量表(HAMD)等,才有助于神经症临床分类。

特别申明

1.本测评量表仅是对评定者心理状态的一种假设,不应该仅仅据此做出任何决定,应与评定者的其他信息进行综合分析。

2.本测评量表不对任何决定负责。

3.本测评量表仅供参考,具体情况请以医生诊断为准。